原创主题式综合实践活动

科普故事、科学知识、科学探究三位一体

科学主题探究

# 水滴古拉历险记

## 探究主题：水

总主编　谷力

主　编：刘海莉

副主编：唐晓勤

编　撰：王惠芬　金　翊　季涛花　蔡宏斌
张文清　许喆雯

插画师：胡明远

中国和平出版社

**图书在版编目（CIP）数据**
水滴古拉历险记：水 / 刘海莉主编. -- 北京：中国和平出版社，2015.9
（科学主题探究 / 谷力总主编）
ISBN 978-7-5137-1069-5

Ⅰ. ①水… Ⅱ. ①刘… Ⅲ. ①水－青少年读物 Ⅳ. ① P33-49

中国版本图书馆CIP数据核字(2015)第229226号

**科学主题探究** 水滴古拉历险记
（探究主题：水）
谷力 总主编 刘海莉 主编

---

**出 版 人：** 肖 斌
**责任编辑：** 肖晓强 衡友增 徐小凤
**封面设计：** 肖晓强
**内文制作：** 率一创意
**图片提供：** 北京图为媒网络科技有限公司
**责任印务：** 石亚茹

---

**出版发行：** 中国和平出版社
**社 址：** 北京市海淀区花园路甲13号7号楼10层（100088）
**发 行 部：**（010）82093753
**网 址：** www.hpbook.com
**投稿邮箱：** hpbook@hpbook.com
**经 销：** 新华书店
**印 刷：** 北京瑞禾彩色印刷有限公司

---

**开 本：** 710 毫米× 1000 毫米 1 /16
**印 张：** 9.75
**字 数：** 200千字
**版 次：** 2015年9月北京第1版 2015年9月北京第1次印刷


ISBN 978-7-5137-1069-5 定价：30.00元

（本书如有印装质量问题，请与我社发行部联系退换）

# 专家顾问



# 丛书编委会

# PREFACE 序言

谷 力

20 世纪 90 年代以来，世界各国都推出了旨在适应新世纪挑战的课程改革举措，呈现出的共同趋势是倡导课程向儿童经验和生活回归，追求课程的综合化。新世纪来临，中国的中小学课程改革也积极推进综合实践课程。十多年来，国内的综合实践活动课程虽然取得了不少成绩，但是存在的问题也不少，其中之一就是综合实践活动教学缺少有效的综合课程。《基础教育课程改革纲要》中将综合实践活动课程内容设计为研究性学习、社区服务与社会实践、信息技术教育、劳动与技术教育等四个方面。由于缺少具体和可操作的课程引领，学校的综合实践课程教学并没有将这四个部分有机地整合，而是机械地将这四个部分安排在四个不同教学时段中分别教学。这种课程设计与教学过程，使得学生获得的知识和经验仍然是局部的，难以从中形成整体、综合的、有深度的、持续探究的经验和认识。因此，提高综合实践活动课程的综合性和有效性，研发相应的综合课程，的确是一个迫切需要探索和解决的问题。

小学生的认知规律告诉我们，儿童习惯于整体把握现象，而不容易感知和把握部分。分学科的教学或者分科的综合教学都割裂了知识之间的联系，使得小学生难以整体地把握这些分散的知识，因而也就难以感受到学习的意义和快乐。综合、整体的课程与教学适合于儿童的认知规律。近代著名儿童心理学家皮亚杰在其著作中，表达了对综合科学教学的支持。由于大多数学生在初等教育阶段处于发展具体操作的时期，在这一阶段的科学教育必须基于可识别的实物和事件上，而不是抽象思维，对实物和事件变化的研究不应该只局限于一个学科。

基于这一理论，从2009年春天以来，在IBO国际文凭学校的综合课程教学和南京市中小学学习力训练营实验的启示下，我提出了概念主题式综合实践活动课程的理念，并研制了《概念主题式综合实践课程框架》。经过与全市相关学校的合作研究，形成了一批以概念为核心的综合实践课程教材。目前，课题组通过研究实践，《汽车》和《手》的教师用书、学生用书于2012年首次正式出版。2014年内，《汉字》《游戏》《口才》《财商》等概念课程的教师用书、学生用书也相继出版。该项目于2014年获得江苏省基础教育教学成果一等奖。

在该课程研发中，我们选择了多所学校参与，每一所学校都从本校学生熟悉的生活领域中选定了一个核心的探究概念。所有的课程均围绕这个核心概念，从概论、环境、科学、艺术、经济、社会、管理、使用、人与道德等九大子课程领域，延伸九条探索思维之路。这些概念的体验和探究课程为孩子们打开了多扇看风景的窗户，让孩子对世界、历史、精神的认识更丰富、更广阔、更深入。

每一项课程的确定，我们都根据项目学校学生所处生活环境、社会阅历、知识、经验基础而定。每一项课程的研发，都是各项目学校长期教育探索和教育实践的结果。比如，游府西街小学70%的学生家庭都拥有汽车，孩子对汽车非常熟悉，所以该校选择了《汽车》课程；凤游寺小学校园内有一个六足园，这是师生共同养育和研究蝴蝶的乐园，所以在长期的综合教育实践中，教师们研发了《蝴蝶》课程。

在我们探索研究之初，中国和平出版社就对本项目予以关注和重视，并计划与我们合作出版一批以科学主题探究为核心的、主题事件方式呈现的探索科学奥秘、提升学习力的青少年科普读物。2013 年，在中国和平出版社肖晓强副社长和衡友增老师的指导和帮助下，我们进行了课程的二度研发创新。我们继承了原有以概念探究为核心的课程理念，改造和转化了原有概念探究的模式，形成了以主题事件方式展开的探究性学习的系列科普读物。该读物引导学生始终关注一个概念，从多个角度进行深度思考、探究学习。该课程不仅仅是学生科普的读本，也是学生探究概念奥秘、训练和提升思维能力的重要途径和载体。

该读物在编写设计上也做了很大创新。我们将原有板块式的编写模式，改变为以探究主题为核心的故事主线，将抽象的概念学习转化为具体的事件学习过程，通过经历鲜明主题的相关事件过程，使学生获得感性与理性经验，将学生带入了一个接近真实的生活情境之中，在这些事件情境中去探索、学习、思考，生成事件记忆。事件赋予学生学习活动的意义，事件的情节构成了学生认知的系列情境。然后，每一个学生个体在事件过程中都须独立地经历感知、观察、想象、操作、思考、总结等思维过程，学生最终将所获得的具体感性经验上升为抽象的认识。

同时，该读物还增加了知识维度和操作维度，既满足了孩子追求故事情节的乐趣，又增加了读物的知识含金量和思维含金量，使可读性和益智性相得益彰。我相信，通过对《科学主题探究》丛书的阅读，孩子将进一步拓展视野、发展兴趣、激发梦想、提高科学思维能力，将为中学综合素质提升奠定良好的基础。

我为该丛书点赞！

“科学主题探究”微信公众号

# 出版者的话

这是一套原创的，集故事、知识、科学探究为一体的综合性科普图书；

这是一次将文学创作的感性和科学探索的理性相结合的独特探索；

这是一次教师和编辑、教学教研机构与出版机构密切合作，进行教育科普图书创作的有益尝试。

近两年来，在南京市小学教师培训中心谷力主任的组织和指导下，中国和平出版社的编辑和南京七所学校的老师紧密合作，共同策划编写方案，共同构思故事情节，共同确定知识概念，共同讨论探究活动，克服了重重困难。终于，《科学主题探究》丛书出版了。

该丛书共七册，每一册围绕一个科学主题，遵照一定的知识逻辑，通过故事主线，将科学主题的若干相关子概念串联起来，同时提供与生活体验密切相关的探究任务，让读者形成对主题的立体认识，同时实现丛书的核心使命——培养青少年的科学素养、科学思维。

这套书可用于青少年自主阅读探究，学校也可以作为综合实践活动课程的指导用书。该丛书的微信公众号将作为读者、编者、出版者之间的交流平台，并提供相关资讯。

我们希望通过这一尝试，积累经验，不断优化创作模式，同时聚集更多的优秀教育工作者和科普作家，一起开发更多、质量更好的科学主题探究科普图书。

期待您的加入！

欢迎您的加入！

2015 年 8 月

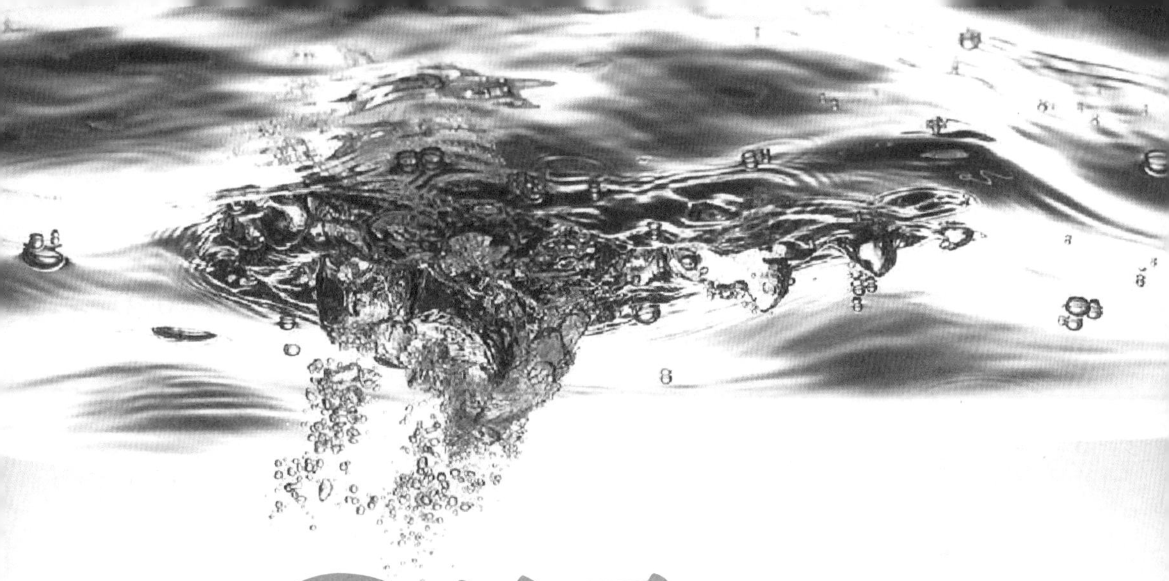

# 目录 CONTENT


■ 1 诞生（降水形态） 001

■ 2 争吵（水的三态） 009

■ 3 相聚（水资源） 017

■ 4 成长（水力的利用） 025

■ 5 惊喜（水的地质作用） 033

■ 6 赞叹（水的治理） 041

■ 7 自在（各种各样的水） 049

■ 8 和谐（水文化） 057

■ 9 流连（水的净化） 065

■ 10 自觉（节约用水） 073

■ 11 迷茫（身体中的水） 081

■ 12 自豪（城市的排水系统） 089

■ 13 惊恐（水污染与防治） 097

■ 14 兴奋（航运） 105

■ 15 收获（水产养殖） 113

■ 16 欢乐（潮汐） 121

■ 17 忧虑（海洋生态） 129

■ 18 重生（海水淡化与水循环） 137

# 1 诞生（降水形态）

七月的青藏高原，湛蓝的天空笼罩着一望无际的草原。无数的牛羊在悠闲地吃着肥美的牧草，牧民们骑着骏马在牧场上欢快地驰骋，旁边紧紧跟着健硕的藏獒。

远远的，唐古拉山在云雾缭绕中若隐若现，迷人而神秘。星罗棋布的湖泊像一颗颗宝石镶嵌在碧绿的草原上。太阳渐渐升起，温度慢慢升高，云消雾散，清风拂面，湖面荡起阵阵涟漪，真似美丽温柔的仙女，手挥丝巾注视着远方。这时的唐古拉山退去神秘的面纱，显得格外清晰，山下的牧场一片葱绿，山体红黑间杂，峰顶白雪皑皑，主峰犹如一个威武战士守护着山下的草原。

分布在草原各处名不见经传的支流，如同人体上的毛细血管，草原铺展到哪里，哪里就有流淌不息的水流。水的源头有的来自唐古拉山溶化的冰雪，有的是上天赐予的雨水，还有的是地底涌出来的清泉。它们随心所欲，想流到哪里都可以。河面闪着碎金般的光点，正淙淙地从眼前流过。你刚要和它打一个招呼，说一声再见，它有些调皮似的，绕一个弯子，又调头回来了。

它仿佛眨着眼睛对你说：朋友，我没有走，我在这儿呢！

在河流臂弯环绕的地方，是一片片绿洲。在河水的滋润下，绿洲上的草长得更茂盛，绿得更深沉。有羊群涉过水流，到绿洲上吃草去了。白色的羊群像一朵朵流动的云，使绿洲顿时变成了一幅生动的油画。

纵横在草原上的这些水晶缎带般的河流，由西向东昼夜不息地流淌着，不知道在远方的什么地方汇聚在一起。

### 冰　川

有“世界屋脊”之称的青藏高原是中国最大、世界海拔最高的高原。在中国境内的面积有257万平方千米，平均海拔4000～5000米。青藏地区是亚洲许多大河的发源地。

唐古拉山脉是在青藏高原5000米以上耸立起来的山脉，它的西段在西藏自治区境内，东段则为青海省与西藏自治区的界山。怒江、澜沧江发源于唐古拉山南麓。主峰格拉丹东雪山海拔6621米，是长江的发源地。

←喜马拉雅冰川

冰川近景→

冰川或称冰河，是指大量冰块堆积形成如同河川般的地理景观。在终年冰封的高山或地球南北两极地区，多年的积雪经重力或压力，沿斜坡向下慢慢地滑动就形成了冰川。

要形成冰川首先要有一定数量的固态降水，包括雪、霰、雹等。在高山上，冰川能够发育，除了要有一定的海拔外，高山还不能过于陡峭。

高原的天气瞬息万变，时而狂风大作，时而乌云盖天。明媚的天色暗了下来，一片片乌云正向唐古拉山奔涌过来，可怕的黑暗像贪婪的魔鬼仿佛要把整个世界吞噬掉。就在这时，一道闪电像矫健的白龙，把乌云撕得四分五裂；又像一柄利剑，把乌云划得七零八落。那闪电，不时地用那耀眼的白光划破黑沉沉的天空，照亮了山峰、草原，照亮了奔走的牧人和羊群。电光消失的一刹那，天地又连成一体，一切又被无边无际的黑暗吞没了…… 只有隆隆的雷声，透过云层在空旷的草原上回荡，如同一首大自然的交响曲一般。青藏高原的雨季来临了。

云妈妈已经随着这激昂的雷声，披着绚丽的闪电，带着无数的雨宝宝来到了这一片草原之上。

“妈妈，妈妈！这是哪里啊？”

“这是青藏高原，你们的新家！去吧！我的孩子们！去开始你们全新的旅程吧！”云妈妈的心里默默祈祷着，雨宝宝越长越大，越来越重，终于挣

在喜马拉雅山脉，一条最大的冰川从1935年以来已缩短了300多米。20世纪末，珠穆朗玛峰地区的东绒布冰川和中绒布冰川消融加剧，使冰川明显退缩。国际冰雪委员会的一项研究表明，喜马拉雅山的冰川正在加速消融，喜马拉雅山区有近50座冰川湖的湖水水位迅速上升就是明证。科学家预计，在未来35年间，喜马拉雅山冰川面积将缩小1/5。

**活　动**

正在加速消融的冰川给地球带来严峻的态势，你知道冰川的加速消融将带来哪些严重的后果吗？选一选。

□夏季高温
□冬季严寒
□暴风雪灾害
□极端天气高频发
□海平面上升
□洪水泛滥
□台风增多
□破坏生态环境
□损害人类健康
□地震、海啸增加

脱了妈妈的怀抱，争先恐后地向一望无际的草原落下去。“再见！妈妈！”

“古拉，你为什么还不跟着哥哥姐姐们一起去？”

云妈妈注意到云层边上一滴晶莹剔透的小水滴。它好奇地看着自己的身体，一脸的不舍：“妈妈，我不想离开你……我也不知道要去什么地方。”

云妈妈稍微地愣了一下，思索一下：“哦，孩子！你长大了，必须离开了！”她指了指下面辽阔的草原和淙淙的河流：“你看下面的大地，当地上的水分蒸发到空中

## 云的分类

云就是离开地面，飘浮在天空中的水汽凝结物。云的形状千姿百态，形成的过程也略有差异，但都有其共同的特点。

根据形状，可将云分为积状云、波状云、层状云三类。根据云层底部距离地面的高度，又可以将云分为高云、中云、低云三类。

高云可分为卷云、卷层云、卷积云三种。中云可为分高积云、高层云两种。而低云则有五种之多，分别是层云、积云、层积云、雨层云、积雨云。

↑积状云

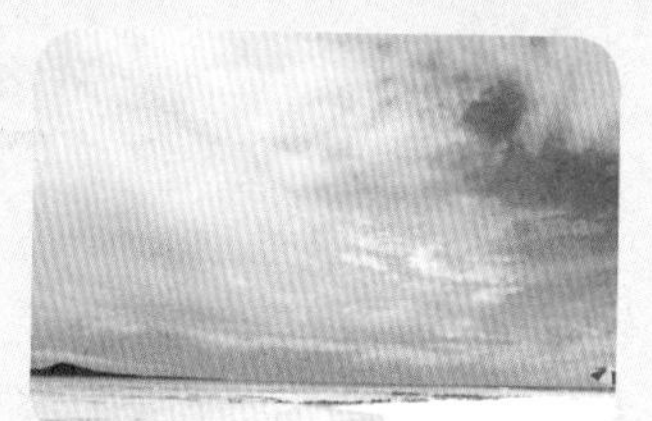

↑层状云

↑波状云

## 活　动

抄写下面的谚语，你知道它们表示什么含义吗？写一写。

□久晴大雾阴，久阴大雾晴

□云往东，刮阵风；云往西，披蓑衣

□棉花云，雨快临

□云吃雾下，雾吃云晴

□江猪过河，大雨滂沱

□早上乌云盖，无雨也风来

□乌云接落日，不落今日落明日

□天上灰布悬，雨丝定连绵

□云钩向哪方，风由哪方来

□黄云上下翻，将要下冰蛋

你还知道哪些关于云的谚语？

就变成了水蒸气，水蒸气慢慢地聚集在一起，就变成了云，也就是妈妈我呀，我的身体里孕育着你们，我的孩子——无数的小水滴。你们逐渐成长，大到连空气也托不住你们的时候，你们便会离开我的身体，重新落到地面去。有的时候气温很低，你们还会变成小冰晶，渐渐地变成雪花飘回大地。而我依旧会在这里等着你们回到我的身边。”

古拉充满向往，看了看脚下的大地，一座座雪山闪耀着银光，通天河从楚玛尔河口倾泻而出，滋润着广袤土地；高耸入云的冰川、神秘莫测的湿地和荒无人烟的荒漠像一张美丽的地毯伸向天边，一只只藏羚羊在水边滩涂嬉戏着，一群群藏牦牛在湖边喝着水……

## 降 水

水是地球上各种生灵存在的根本，水的变化造就了今天的世界。在地球上，水是不断循环运动的，海洋和地面上的水受热蒸发到空中变成了云，云随风运动，遇到冷空气形成降水又回到地面。

根据物理特征的不同，降水可分为液态降水和固态降水。液态降水有毛毛雨、雨、雷阵雨、冻雨、阵雨等，固态降水有雪、雹、霰等，还有液态固态混合型降水，如雨夹雪等。科学家把固态降水分为十种：雪片、星形雪花、柱状雪晶、针状雪晶、多枝状雪晶、轴状雪晶、不规则雪晶、霰、冰粒和雹，前七种统称为雪。

↑雪片

↑星形雪花

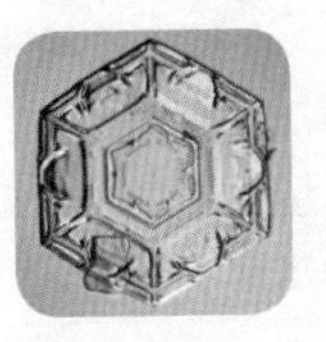

↑柱状雪晶

↑针状雪晶

↑多枝状雪晶

↑轴状雪晶

↑不规则雪晶

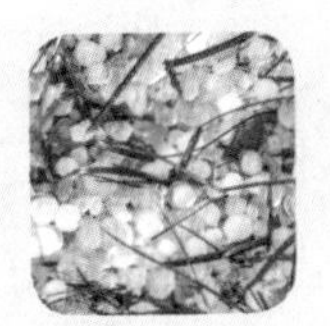

↑冰雹

“啊！多美的地方啊！”古拉回头向妈妈投去一个可爱的微笑，“再见妈妈！我去经历自己的生活了，等着我回来……”

看着远去的古拉，云妈妈的眼角有些湿润。

一阵阵的冷风从远处的峡谷中吹来，离开了妈妈的古拉和其他的兄弟姐妹们，随着风在天空中一边飘动，一边向大地落去。

地面的景象在古拉的眼里越来越清晰，晶莹的河流，碧绿的草场，耳朵甚至还能听到牛羊们欢快的嘶鸣、牧民的呼唤。突然间，一种很奇怪的感觉涌上了古拉的心间，仿佛今天的一切，自己过去也经历过一样。

这是一种相当微妙的感觉，兄弟姐妹们的目光都疑惑地看着越来越近的地面，陷入了一种沉思。

“你们好，可爱的孩子们！”一个浑厚的声音响了起来，古拉转动着脑袋向四周看了看问道：“你是谁啊？”

“哦！我……”那个声音又响了起来，而语气似乎是像在思考，稍微停顿了一下：“我想我是你们的朋友，你叫古拉对吗？刚刚你和你妈妈对话的时候，我就一直在你的身边。”

## 活　动

在气象学上用降水量来区分降水的强度，它们被分为：小雨、中雨、大雨、暴雨、大暴雨、特大暴雨，小雪、中雪、大雪和暴雪等。你知道它们是如何区分的吗？查一查资料，填写空格。

| 降水强度 | 降水量 | 降水强度 | 降水量 |
| --- | --- | --- | --- |
| 小雨 | | 特大暴雨 | |
| 中雨 | | 小雪 | |
| 大雨 | | 中雪 | |
| 暴雨 | | 大雪 | |
| 大暴雨 | | 暴雪 | |

“是的，我是古拉，你好！可是，我们为什么看不见你？”古拉继续问道。

“你们可以把我称为‘自然之光’，我几乎存在于这个自然界的每一个地方。孩子们，至于我的年龄，我早就不记得了。我每天要做的只有观察，我需要不眠不休地看着这个世界。”

古拉和自然之光开心地聊着，下降的速度越来越快。数不清的水滴落在了土地上，飞快地渗进了泥土中，通过牧草的根茎很快地充盈到牧草的叶子上，牧草们得到了充分的滋润，舒展着身体，沐浴着雨丝。古拉扭动着身躯向大地落去，一阵微风吹过，古拉随着风向一条河流飘了过去，轻轻地落在了河边草地上。

古拉还没明白是怎么回事，身体却已经随着草叶弹跳了几下。“自然

## 人工降雨

水蒸发到空中形成云，有云不一定有降水，要使降水形成，必须满足降水形成的某些条件。但云究竟怎样凝聚成雨滴，长期以来始终不甚明了。后来，约翰爱特金证明，云中的水汽是积聚在灰尘等细小微粒周围形成的小水滴或小冰晶。这些微尘十分细小，肉眼根本无法觉察，但如果没有这些微尘，尽管空气中有足够的水汽，却不可能形成一滴雨水。

人工降雨也叫人工增雨，是指根据自然界降水形成的原理，向云中播撒降雨剂，促使云中的水滴或冰晶迅速凝结或合并增大，降落到地面形成降水。

↑发射人工降雨火箭弹

↑实施人工降雨的飞机

**活　动**

人工降雨是通过向云中撒播降雨催化剂使云滴或冰晶增大到一定程度，降落到地面。你知道常用催化剂有哪些吗？选一选。

□干冰　□碘化银
□食盐　□酒精
□氯化钙　□硫化铜
□融雪剂

之光，”古拉急切地叫了起来，“我这是在哪里呀？”

“哦！小朋友，这将是一段属于你自己独特的旅行！”一束光芒像一只充满了鼓励和希望的手，抚在了古拉的肩头。

远处，唐古拉山巍然屹立，一抹彩虹悄悄挂上了树梢。不知不觉中，雨已经停了。

## 探究活动

记录一周以来同一时间云的形状，拍摄下来后对比云层变化简表，看看你的预测对不对。从这个记录你能发现云层变化与天气变化存在什么关系呢？

| 时间 | 云图 | 描述 | 云的名称 | 预测天气 | 实际天气 |
|---|---|---|---|---|---|
| | | | | | |
| | | | | | |

晴天云层变化简表

| 云名 | 云的形态 | 天气状况 |
|---|---|---|
| 卷云 | 像羽毛像绫纱，丝丝缕缕地漂浮着 | 象征晴朗 |
| 卷积云 | 像水面的鳞波，是成群成行的卷云 | 无雨雪 |
| 积云 | 像棉花团，上午出现，傍晚消散 | 阳光灿烂 |
| 高积云 | 像草原上雪白的羊群，扁球状，排列整齐 | 天晴 |

非晴天云层变化简表

| 云的名称 | 变化过程 | 形状 | 位置 | 天气状况 |
|---|---|---|---|---|
| 卷层云 | 卷云聚集，向前推进 | 像白绸幕蒙住天空 | 高 | 晴转阴 |
| 高层云 | 卷云越变越厚 | 像毛玻璃遮着太阳 | 低 | 将下雨雪 |
| 雨层云 | 高层云变得更厚 | 暗灰色云块密布天空 | 更低 | 雨雪连绵 |
| 积雨云 | 积云迅速形成高大云山 | 乌云密布天空 | 更低 | 雷雨冰雹 |

# 2 争吵（水的三态）

滚落草地的古拉，站在草叶儿尖上，东张张，西望望，好奇地打量这个世界。一群牛羊在他身边悠闲地吃着草，一条条小河从草甸子上穿过。

“嗨，嗨！伙计们，你们是谁？能告诉我这是哪里吗？”古拉冲着身边一群正在吃草的家伙们高声喊起来。

那群家伙们继续吃草，连头也不抬，只有一头小牦牛听见了古拉的喊声，回答道：“我们是牦牛，生长在青藏高原。这是唐古拉山脚下，你身边的这条河叫沱沱河！”说完低下头，喝了一口水。

“沱沱河！哈哈哈哈，好难听的名字啊，是你给起的吗？”古拉忍不住大笑起来。

小牦牛不紧不慢地说：“不！是我的妈妈告诉我的。有什么可笑的？”

见小牦牛有点不太高兴，古拉收敛起笑容，但想到那些离开了自己的兄弟姐妹，不免有些心焦，忍不住着急地问：“你知道这条河是从哪里来，又要流到哪里去吗？”

“对不起，你问的问题我回答不了，我的妈妈从来没有告诉过我。”小牦

牛没能回答出古拉的问题，觉得有些歉意，忍不住关心一下，问道：“你怎么会问这个问题呢？”

没得到想要的答案，古拉有些失望，声音不免大了起来：“我的好多兄弟姐妹都落到河里去了，我要去找他们，我们说好了，要一起去旅行的！”

“这个嘛，我也不知道怎么办。对啦，你还没告诉我你是谁？你是露珠儿吗？”小牦牛眨巴着大大的眼睛，天真地问。

“什么露珠儿？我才不是！我是古拉！我

### 沱沱河

沱沱河从格拉丹东的姜根迪如冰川发源时，是一些冰川、冰斗的融水汇成的小溪流，水面宽只有3米，深只有20多厘米，然后向北流过9千米，在巴冬山下汇集了尕恰迪如岗雪山的冰川融水，经过一条长约15千米的谷地，继续向北，分成了宽4米和6米的两条小河。小河两边的谷地中还有许多密如蛛网的水流，都是沱沱河的上源。在谷地的出口，河谷突然下切，形成了一条长约5千米的陡峭峡谷，深达20多米。

河水在流出了巴冬山后，先经过一片广阔的河漫滩，再经过一条峡谷，流到葫芦湖附近，急转东去。在经过了130多千米的流程后，河道变得开阔起来，

↓沱沱河区域图

妈妈说，我是一颗小雨滴！”古拉急了，连忙解释。

“哎，哎，哎！别丢人了，好不好？”一个细小的声音从另一颗小草上传过来，古拉忽然发现，原来周围还有许多小水滴。

古拉气得脸都红了：“嗨！你是谁？怎么说话这么没礼貌，难道你妈妈没有告诉过你，不可以这么说话的吗？”

“我是你的姐姐！”

古拉上上下下打量着她：“谁允许你这么胡说的，真……真是的！”古拉想要制止她，却发现她的确和自己长得一模一样，一时语塞，不知道如何回答才好。

“孩子们，又在说什么好玩的事情啊？”自然之光出现了。古拉像看到了救星：“自然之光先生，她说自己是我的姐姐，我……我……我怎么没见过她。”

“她说的没错，她的确是你的姐姐！她是一滴露水，也是一滴小水珠，不但她是你的姐姐，”自然之光抬手指了指周围，“在这个世界上，到处都有你的兄弟姐妹！”

“这怎么可能！自然之光先生！”古拉实在无法相信这样的话。

自然之光不紧不慢地解释起来：“古拉，你是一滴水。我们所在的星球

在流到青藏公路的沱沱河沿时，它已是深3米、宽20～60米的大河了。著名的万里长江第一桥就飞架在沱沱河沿的河滩上，它是长324米、宽11米的钢筋混凝土大桥。

**活　动**

当曲是长江源头的南支源流，也是长江最长的源头，你知道长江沱沱河长多少千米？长江又是多少千米？查一查。

↑长江源碑

↑长江源头第一桥

长江源头→

叫作地球，在这个星球上到处都有水。它们滋润着世上万物，地球上的一切都离不开水。”见古拉不再争辩，就继续说道：“比如说，你们的妈妈是云，你们在妈妈的怀里是小水滴。你们知道吗？如果气温低于0℃，你们就会变成……”“小冰晶！妈妈告诉过我了！”

“说得对！”自然之光接着说道，“水是一种很神奇的东西！有的时候是液体，

### 我国的降水分布

降水量是指从空中降到地面的液态水和固态水，未经渗透、蒸发和流失而在水平面上积聚的水层深度，以毫米为单位。一般用雨量筒测量降水量。

我国年平均降水量总的分布趋势是由东南向西北逐渐减少。

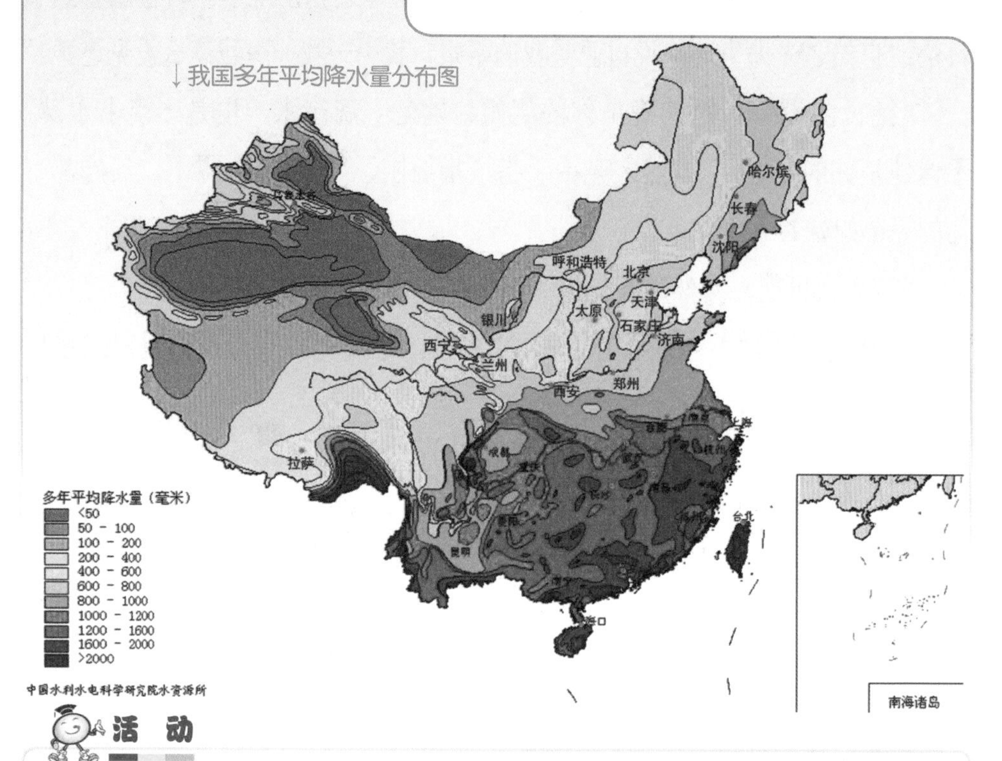


↓我国多年平均降水量分布图

### 活　动

查看全国近两年平均降水量图，我国年降水量较多的区域是哪里？年平均降水量最少的地方在哪里？喜马拉雅山东南坡的降水较多，年平均降水量大约是多少？写一写。

你的家乡年降水量在全国处于什么水平，是雨水充沛，还是干旱少雨？如果都不是，那么，你会怎么形容呢？

就像你们现在的样子；有的时候是固体，比如山顶上的冰雪、北极的冰川；有的时候，又变成了气体，比如山腰的雾、天上的云。除了样子不一样，水待的地方也各不相同，地球上几乎到处都有水，山上有泉水、溪水，流到山下汇集到一起便成了河水、江水，再往前流，汇聚在一起就成了海洋。这些是流动的，还有些是停在一处的，像湖泊啦，水库呀，还有的水是藏在地下的。另外，地球上所有的动物、植物的身体里都有水……”

古拉实在不敢相信，嘴巴不知不觉张得老大。

“真的？这太不可思议了，我们为什么会变来变去啊！”古拉还是无法相信自然之光所说的事情。

### 水的“三态”

水与地球上的很多物质一样，都有固态、液态和气态三种存在形式，但与其他物质不同，水是自然界中唯一一种三态同时并存的物质。

物质处于液体状态时可以流动、变形，可微压缩，水的液态通常是指普通的水。气态与液态一样，可以流动、变形，但与液态不同的是气态的物质可以被压缩。水的气态一般是指水蒸气。水的固态一般来说就是冰。

↑水

↑水蒸气

↑冰块

**温度计、水、带刻度的敞口容器**

**实验准备**

1. 将水放进容器里，同时将温度计也插进水中，放入冰箱冷冻。待水完全结成冰后，将容器拿出冰箱，进行观察。注意记录冰的状态变化、冰和水的体积差别和温度计的示数变化。

2. 制作观察表，记录观察结果。

“那是因为空气的温度发生了变化，水就改变了自己的样子了！”

“那云和雾一样吗？”“河里的水和湖里的水一样吗？”“小牦牛为什么喊我小露珠啊？我们长得一样吗？”小水滴们争先恐后，都想立刻知道答案。

“孩子们，孩子们，别急别急，一个一个问。”见孩子们这样爱提问题，自然之光很是兴奋。

“我先回答古拉的问题！小露珠又叫露水，它也是一种液态的水。夏天的清晨，我们常常可以在一些草叶上看到它们。在晴朗无云，微风吹拂的夜晚，由于地面的花草、石头等物体散热比空气快，温度比空气低。当较热的空气碰到这些温度较低的物体时，空气中饱和的水蒸气就会凝结成小水珠留在这些物体上面，这就是我们看到的露水。”

古拉半信半疑地说：“照您这么说，我真的是露珠？”

## 露点、霜点和冰点

↑露

↑霜

↑冰

↑雾

露点可以简单理解为使空气中的水蒸气变为露珠时候的温度，一般在0℃以上。霜点则是使空气中的水蒸气变为霜时候的温度，一般在0℃以下。空气中水蒸气含量达到饱和状态，并且达到露点或霜点，才会形成露和霜。

冰点就是水结成冰时的温度，也称凝固点。淡水在0℃结冰，因此淡水的冰点是0℃。海水中含有大量的盐，海水的凝固点低于淡水，并且随着含盐量增加而降低。

在水气充足、微风及大气层稳定的情况下，气温接近露点，空气中水蒸气含量达到饱和时，空气中的水汽会凝结成细微的水滴悬浮于空中，使地面的水平能见度下降，这种天气现象称为雾。

"不对，不对！"小水滴们一起喊了起来。"你是从云里落到地面的，虽然也是小水滴，但我们通常把这样的水滴叫作雨滴。"

古拉若有所悟地点点头："原来是这样！"

"那云和雾是一回事吗？自然之光先生？"另一颗小水滴问道，可他说着说着，声音却越来越小。古拉发现，他越变越小，渐渐不见了。

古拉向四周张望，忽然发觉，周围的兄弟姐妹们很多都不见了，急得大声喊了起来："兄弟姐妹们，你们去哪里了呀？不要丢下我，我要和你们在一起！"

自然之光指着空气，对古拉说："你把眼睛眯起来，找找你的兄弟姐妹。"古拉刚眯起眼睛，就听到有声音远远传来："古拉，我们走了，太阳公公把我们带回到妈妈的怀抱里去了。"

那声音越来越远，古拉急切地喊着："我也要去！自然之光，你知道这是怎么回事吗？我的兄弟们去了哪里？"

"它们受到了太阳的召唤，蒸发到了空中，回到了云妈妈的怀里了。你不觉得自己的身体有什么变化吗？"

古拉这才低头看看自己，是啊，太阳照在自己的身上，暖洋洋的。身子轻飘飘的，好舒服啊？不对，怎么自己有一种被人往上扯的感觉，不好！

"啊！我怎么变小了？不，怎么这么热？"古拉吓得惊叫起来，这时，一颗水珠躲在草叶下正向古拉招手。古拉多想跳下去，和他一起躲在草叶下，无奈却身不由己。

用水壶烧开水，水快开时会发出很大的响声，而水开了的时候声音会变得柔和许多。这就是俗话说的"响水不开，开水不响"。为什么会出现这种现象呢？

**活 动**

大雪过后，环卫工人常常在路上撒融雪剂，这样雪会化得快些。你知道融雪剂的成分是什么吗？它为什么能加速冰雪融化？

冬季家用汽车的玻璃水、汽车防冻液的主要成分是什么？为什么不怕冻呢？

恰巧，一阵风吹过，草叶摇晃了一下，古拉在草叶上弹了两下，滚落到了叶柄的阴凉处。古拉一动也不敢动，心里窃喜：“万幸！差一点就被太阳公公带走，不能去旅行了！”

过了好半天，他想抬头找找自然之光，却发现太阳不知什么时候悄悄地落下了山，自然之光也不知溜去了哪里。慢慢地，他觉得越来越冷，自己的身体不知不觉被冻住了。他想张嘴喊一声，却怎么也开不了口，他吓坏了，晕了过去。

## 水的三种状态之间的转化

汽化是指水由液态转化为气态的过程。固态的冰雪吸收热量，在0℃这个奇妙的临界点，会出现冰与水平衡共存的现象，低于这个温度，水就凝固结冰，高于这个温度，冰就会融化成水。

冰也可以直接变成水蒸气，这是冰的升华。气温在零度以下的室外，阴处的冰没有融化成水，却慢慢变小、消失了，就是升华现象。同样，水蒸气也可以直接凝结成冰，不经过水的液态过程，这是水蒸气的凝华，如我国北方冬季早晨，玻璃窗内会凝结有一层窗花。

通常情况下，水在100℃时就会沸腾，也就是我们常见的水开了。这时水的汽化现象就会出现，产生很多水蒸气，这时的水还是双态的，液态的水和气态的水蒸气。

↑冰窗花（凝华现象）

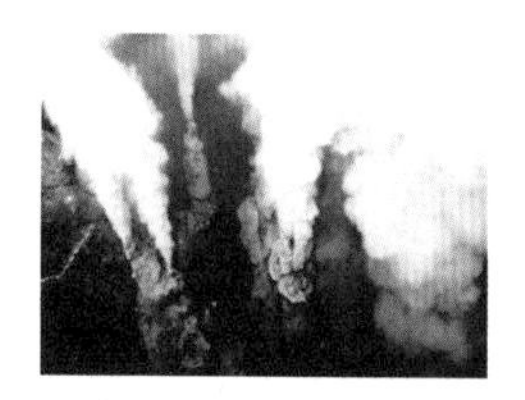

↑水沸腾时的状态

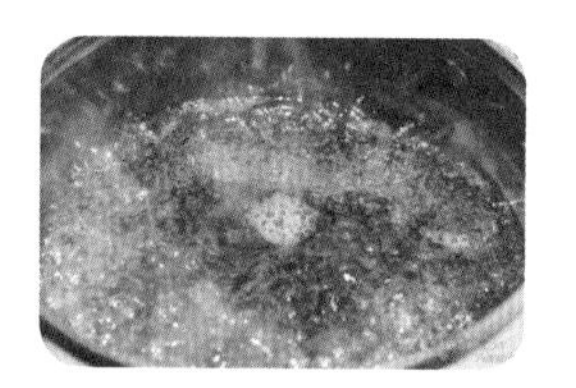

↑锅里的水沸腾了

### 实　验

蒸发快慢对比实验：往两只大小不同的盘子里倒同样多的水，放在阳光下晒，水有什么变化？在黑板上用水涂出两块同样面积的水迹，用扇子扇其中一块，对比观察水迹的变化。

# 3 相聚（水资源）

第二天早上，古拉觉得身子暖洋洋的，试着伸了个懒腰，“哈哈！我又能动了！太好啦！”想着昨天的经历，实在有点后怕，古拉藏在叶柄下不敢乱动。

“自然之光，你在吗？我昨天，怎么……怎么被冻住了，一点都动弹不了呢？是有谁施了魔法吗？”

自然之光被古拉逗得忍不住笑了起来：“哈哈！你说得对呀！是有个魔法师！这个魔法师啊，就是太阳！”古拉半信半疑：“他能有什么魔法？不就是个老公公吗？”

自然之光耐心地向古拉解释着：“如果没有太阳，我们就什么也看不见，树木也不会生长。你见过天边的彩虹吗？”

古拉没听懂，根本不知道自然之光在说什么，他摸摸脑袋，傻傻地问：“什么是彩虹啊？”

见古拉有点摸不着头脑，自然之光继续解释着：“就是下完雨以后，天边出现的一座彩色的、弯弯的类似桥的形状……”

“我见过，我见过！昨天我刚从妈妈怀里落下来，来到这里，后来太阳公公出来了，我就看见你说的彩虹了。”古拉一副恍然大悟的样子。

古拉回味着昨天见到彩虹的情景，显得意犹未尽，嘴里念叨着：“彩虹怎么那么美？好多颜色！它也是太阳公公变出来的吗？”

“是啊！太阳公公会变很多魔术呢！你昨天晚上动不了了，就和太阳有关系。太阳下山后，温度就下降，当温度降到冰点，你就成了小冰晶，早上太阳出来，温度上升，你就又变回来了！”古拉若有所悟，摸了摸脑袋：“是这样啊！”

古拉还想接着询问，自然之光却换了话题：“古拉，我问你，昨天和你一起从云妈妈怀里落下来的兄弟姐妹呢？”

“我也不知道啊，我们一落地，很多哥哥姐姐就不见了！”古拉又被弄迷糊了。自然之光故作神秘地笑了笑，接着说道：“你

### 彩　虹

彩虹是因为阳光射到空中接近圆形的小水滴，造成光的色散及反射而成的。阳光射入水滴时会同时以不同角度入射，在水滴内也是以不同的角度反射，形成人们所见到的彩虹。

雨后的天空有可能出现彩虹，在阳光下，喷泉或瀑布的周围也会出现彩虹；在夏天，街上奔跑的洒水车的后面，有时也会出现一段彩虹；用喷雾器在户外天空中喷雾也可形成彩虹……

←喷泉彩虹

雨后彩虹→

的那些兄弟姐妹，有的和你一样，落在了小花小草的身上，有的落进了河里，有的却钻进了土里。”

“他们跑到土里去干吗？他们怎么进去的？和太阳公公又有什么关系？”古拉的问题一个接着一个，像挺机关枪，停都停不下来。

“因为土壤需要水啊！土壤之间啊，有许多空隙，形成一个复杂的‘毛管系统’，就像块海绵，能吸收很多水。落到地上的水都会顺着空隙渗透到土壤里。如果土里栽种了植物，就能吸收更多的水分，等到太阳一晒，水又会向上升腾，回到空气里。这个魔术变得怎样？”

尽管自然之光的解说很细致，可刚来到这个世界没多久的古拉又怎么能弄得懂这么多深奥的知识呢？

“我该怎么做才能和他们在一起！”古拉着急了，喊了起来。

“不急不急！看！又有新伙伴来了！”自然之光劝慰着古拉。

猛地，一阵风吹过来，一朵水花拍在了岸边，古拉立刻来了精神：“嗨，兄弟，你从哪里来？”落到岸上的水滴们，指着远处，大声说：“我们来自雪山，太阳公公热烘烘的，我们就融化了，顺着溪流来到了这里。”

古拉看见远远的有一条水流冲出峡谷，飞泻而下，径直冲了过来。

“啊！从那么高的地方流下来，你们

**活　动**

形成彩虹需要哪些条件？

□太阳光　□洁净空气

□水蒸气　□云

□温度　□雾霾天

□灯光

用家中浇花的喷雾器在灯光下和阳光下喷一喷，看看哪种情况下可以出现彩虹，说说其中的道理。

不害怕吗？”古拉既担心又羡慕。

“我们从高高的山崖上落下来，人们把它叫作瀑布，刚落下时是有点吓人，但飘在空中时让我想起了从妈妈怀里落下来时的感觉，很刺激，你加入到我们中，一起去体验一下吧！”

“终于见到光亮了，快走快走！”一群小水滴，聚集成一股清流，

## 水的表面张力及毛细现象

液体的表面分子由于发生变形而产生一种张紧的拉力，称为表面张力。这些液体表面分子组成了一层薄膜，由于表面张力的作用，这层薄膜会产生绷紧的趋势。一些昆虫能够将身体或四肢平铺在水面上行走，荷叶上滚来滚去的水珠，都是因为水有较大的表面张力。

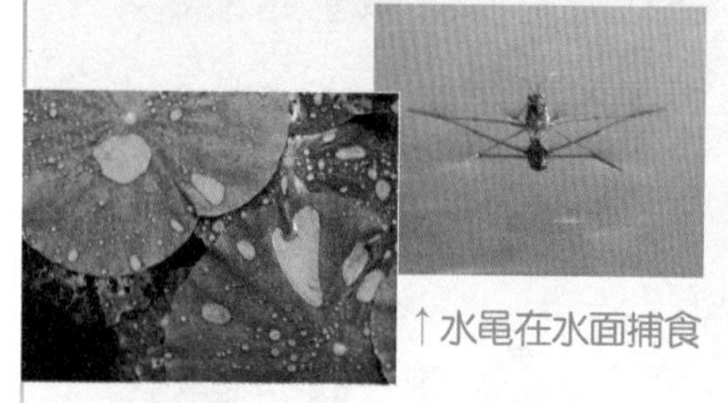

↑水黾在水面捕食

↑荷叶上的水珠

此外，水对于一般固体表面的附着力也较大，在附着力与表面张力共同作用下，水能沿着毛细管向上升，称之为毛细现象。我们穿着棉制衣物觉得舒服，就是因为汗水通过毛细作用被棉纤维吸走，让人的身体觉得干爽。海绵吸水、土壤吸水都是毛细现象。

活　动

【探究】尝试将1个伍分硬币平放在水面上。试试怎么放才能顺利成功？

【实验】一个杯子、染色的水、餐巾纸、毛巾、海绵、塑料片

把染色的水倒入杯中或盘中，手持展开的餐巾纸上端或两侧，将餐巾纸底部与水面接触后保持不动，看看会发生什么现象。依次用毛巾、海绵、塑料片与水面接触，看有什么现象。

提示：为了便于观察，可以用墨水或颜料把水染成不同颜色。

←毛细现象

（管子越细，液体上升越高）

↑自动上升的水

（毛细现象）

从古拉脚下流出来。“你们是谁啊？从哪里来的？”古拉眨巴着双眼，好奇地嚷起来。“我们从那儿来的！”一个小水滴一边大声回答，一边指了指河道边一个黑黝黝的岩石裂缝。

“啊？从那个石缝里？”古拉对这样的回答感到很奇怪。

“是啊！我们都是从那里流出来的！我们经历了很久很久的黑暗，才流到了这里！我们也是云妈妈的孩子！”周围的小水滴一齐回答道。

“怎么啦？可爱的孩子们！又遇到问题了吗？”那熟悉的声音响了起来。

**瀑　布**

瀑布在地质学上叫跌水，是指河流或溪水经过河床纵断面的显著陡坡或悬崖处时，成垂直或近乎垂直地倾泻而下的水流，在地质学上，是由断层或凹陷等地质构造运动和火山喷发等地表变化造成河流的突然中断，另外流水对岩石的侵蚀和溶蚀也可能造成很大的地势差，从而形成瀑布。

按照瀑布的景观特点，我国瀑布大致可以分为河流瀑布、山岳瀑布和洞穴瀑布三类。

↑河流瀑布
（黄河壶口瀑布）

↑山岳瀑布
（庐山三叠泉）

↑洞穴瀑布
（华蓥山瀑布）

**活　动**

【写一写】世界上最著名的三个大瀑布是尼亚加拉瀑布、维多利亚瀑布和伊瓜苏瀑布。你知道它们位于哪里吗？

【选一选】以下列举的瀑布中哪些属于“中国十大瀑布”？

| | | | |
|---|---|---|---|
| □壶口瀑布 | □庐山瀑布 | □镜泊湖瀑布 | □紫藤萝瀑布 |
| □流沙瀑布 | □黄果树瀑布 | □九寨沟瀑布 | □银练坠瀑布 |
| □德天瀑布 | □雁荡山瀑布 | □马岭河瀑布 | □兰溪瀑布 |

“他们说自己来自一个非常黑暗的地方，还非要说他们都是云妈妈的孩子，他们也都是从妈妈怀里落下来的吗？”古拉不服气地问道。

“哈哈……哈哈，我可爱的孩子们！”自然之光温柔的光线像一只大手抚摸在古拉的头上，他笑着说道，“是的，古拉！他们也是云妈妈的孩子，来！我带你们看一下。”

自然之光一边说，一边挥动着那一片洒在河面上的光线，一阵风吹过，河面上翻腾起了浪花，在自然之光的指引下，所有的水滴们看向了远方，青藏高原上那若隐若现的巍峨的唐古拉山。

“你的新伙伴们也来自那座雪山。”自然之光抚摸着古拉的小脑袋，

## 地下水资源

地下水泛指地面以下不同深度的土层和岩石空隙中的水，按形态可分为气态水、吸着水、薄膜水、毛细管水、重力水、固态水等。

地下水通过水循环与其他水体交换，在地表下缓慢移动。地下水的水量稳定，很少受气候影响，污染程度低，可作为居民生活用水、工业用水以及农业灌溉水源。

地下水资源是指具有开采利用价值的地下水。我国地下水资源量是8081.1亿立方米（我国水利部《2013年水资源公报》数据），约占全国水资源总量的28.9%。

↑井水
（绍兴古井）

↑泉水
（济南名泉漱玉泉）

↑卤水
（自贡盐井）

“他们从云妈妈怀里落下来，天气很冷，落到了那雪山顶上就冻住了。当气温升高的时候，他们就开始融化，顺着山体里的裂缝一直渗到了岩缝中，流入地下。我们把这些水统称为地下水。”

“那……那些黑黑的地方多可怕啊！”

听古拉这么说，自然之光叹了口气：“那些地方，我也没去过！但这就是自然规律，也是他们参与自然循环的一种方式和必经之路啊。他们现在不是和你一样享受着温暖的阳光了吗？”古拉似懂非懂地看了看自然之光，想了想，还是做出了一个热情拥抱的姿势：“欢迎你们！我的新朋友！”

“不！不是新朋友！”自然之光笑着纠正着古拉，“他们和你一样，穿山越岭来到这里，虽然有的来自崇山峻岭间的泉水、溪流，有的来自地下奔腾的暗河，但是都是水家族的一分子，你们是兄弟！”

“看来，咱们水兄弟真的是无处不在呀！”古拉觉得自豪极了。

自然之光却叹了口气：“地球上的水的确是不少，但是地球上可以利用的淡水资源却不多呀！现在跟你说，你也不明白！”

大家都不吭声，四周一下静默了。古拉顺着兄弟姐妹们流去的方向望去，只见由无数的水滴汇集的小溪小河，在草原上曲折的蔓延开去，

**活　动**

【探究】地下水是非常宝贵的淡水资源，已经成为我国城市和工农业用水的主要水源，但是基本清洁的城市地下水只有总水量的3%。你知道造成地下水污染的因素有哪些吗？选一选。

□农药　□生活垃圾　□矿井水　□雨水

□化粪池　□工业废水　□融雪剂

不断交汇、壮大，越过草原、穿过山谷，顺着地势奔流而下。一阵风吹来，古拉顺势一跃，跳入河中。

“再见啦，唐古拉山，我要开始新的旅程，去了解水家族更多的知识。”古拉心里默默地说。

### 地表水

地表水是指陆地表面上动态和静态水的总称，主要有河流，湖泊，沼泽、冰川、冰盖等。地表水是由经年累月的降水累积而成的，并且自然地流入海洋。或者经蒸发消逝，或者渗流至地下成为地下水。

我们生活的地球，从天空到地下，从陆地到海洋，到处都是水的世界。地球上的水，尽管数量巨大，而能直接被人们利用的水却少得可怜。全球淡水资源只占全球总水量的2.5%左右，其中又有大约99%被冻结在地球的南北两极和冻土中，只有不到1%的淡水散布在湖泊里、江河中和地底下。与全世界总水量比较起来，能直接利用的淡水量真是九牛一毛。

我国是一个水资源短缺、干旱灾害频繁的国家，如果按水资源总量考量，水资源总量居世界第六位。但是我国人口众多，若按人均水资源量计算，人均占有量只有2500立方米，约为世界人均水量的1/4。

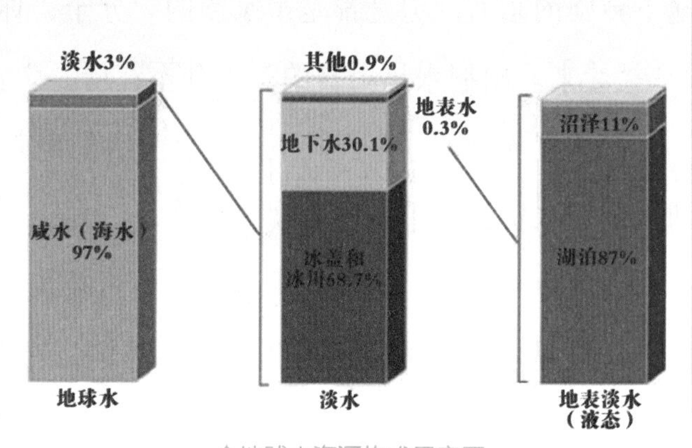


↑地球水资源构成示意图

### 活　动

节约用水、防止水污染具有十分重要的现实意义。在以下列举的防止水污染的措施中，你认为合理的是哪些？选一选。

- □防止使用农药和洗涤剂
- □工业废水经处理达标后再排放
- □抑制水中所有动植物的生长
- □生活污水净化后再排放

# 4 成长（水力的利用）

古拉和兄弟姐妹们一起顺流而下，没流多远就“迎来”了另一条小溪，古拉小小的身体在水流里翻滚着，被身边的一位姐姐拉住扶正了。自从离开了妈妈，古来从来没像今天这样开心过，他不停地笑着、跳着，他知道自己不再是一个人，而是来到了一个大家庭，和无数的兄弟姐妹们在一起。

小河流淌着，古拉感觉身体慢慢变轻了，熟悉的声音再次响起：“古拉，抓好你的家人们，山势逐渐变陡了，你们正加速向下流呢，很快就要进入通天河了。”原来是自然之光。

河水哗哗地不停“奔跑”着，古拉望着身边的景色慢慢地看呆了，山峦、草原、树木、野花、牛羊、农田……这里一片，那里一片，像碧绿的地毯绣上了缤纷的花朵，美极了。不知过了多久，古拉还陶醉在周围的美景之中，却被身边的姐姐一把拉住，叮嘱古拉道:“古拉，抓紧我，我们要坐‘摩天轮’了。”古拉顺着姐姐指引的地方望去，前面出现了一个庞然大物，正靠在河边晃晃悠悠地转着，上面绑着一个个圆柱状的东西，升上去，流出一道道水流，又落下来，发出有节奏的声响。

古拉心里有些害怕，情不自禁地呼唤着：“自然之光，你在吗？”那厚重的声音出现了：“当然了，古拉。找我有什么事吗？”

“自然之光，那是什么？像个大轮子，看起来好可怕。它会把我们吞掉吗？”

“哈哈，古拉你别怕！那不是什么可怕的东西，它叫作水车。你看见水车旁边的那个小房子吗？”

古拉定了定神，水车的后面真的有座房子，一些人在进进出出，有的拎着袋子，有的挑着箩筐，还有的赶着牛车，大家来来往往，不停地搬着东西，不知忙些什么。见古拉看得入神，自然之光主动介绍了起来：“这座房子是一个磨坊。大家把粮食拉到这里，磨成粉，然后再运走。”

“把粮食磨成粉？谁来磨呢，怎么磨啊？”见到古拉更迷糊了，自然之光笑着逗它：“当然是你来磨咯！因为磨坊里有几座水磨。”

### 水车、水磨和水轮

水车是一种最古老的提灌工具，通过水流自然冲击车轮叶板，推动轮辐转动，竹制或木制水斗便舀满河水，顺着轮辐转动提至顶端后，再倾入水槽，流入沟渠和田地。水车可以称作古代的“自来水工程”。

水磨也是一种古老的以水为动力的机械，大约在晋代就出现了。水磨实际由两部分构成——水轮提供动力，石磨用于研磨。水流冲击水轮的叶板，推动水轮转动，带动石磨转动。把石磨换成石碓，则可用来舂米。水磨的水轮有卧式和立式等。

←用卧式水轮的水磨（示意图）

↑水车

↑立式水轮

“啊？！怎么可能？开什么玩笑？我哪有这么大的力气推动水磨。”

自然之光笑了：“古拉你忘了，你还有这么多兄弟姐妹啊。你们合在一起的力量可是很大的呢！”

身边的兄弟姐妹们一起喊了起来：“古拉，还有我们呢！”

“对耶！”听到这里古拉开心地翻滚起来。

眼看着离水车越来越近了，想到自己可以有这么大的本事，古拉不再害怕。一些兄弟姐妹随着一条水渠流到那个磨坊里去了，古拉和一些兄弟姐妹们则流进了另一条水渠，然后坐进了一个小竹筒里。随着水车的转动，它们越升越高，只见远处阡陌纵横，一条条水渠、一条条小道把大地分割成一块块农田。农田里，水稻已经弯下了腰，像铺了一地金子。升到最高处时，古拉还看到许多兄弟姐妹落进了一个长长的水槽，被送进了通向农田的水渠。古拉还留在竹筒里，随着水车又慢慢地低了下来，回到了河中。古拉兴奋的

下面图片显示的是古代人们发明的各式水车，你认识它们吗？连连看。

□黄河大水车　□龙骨水车　□风力水车　□高转筒车

制作立式小水轮。

用塑料棒、易拉罐、铁丝、碟片、可乐瓶、吸管、木筷等常见材料，自己设计制作一个立式小水轮吧。

心情一时难以平复，他觉得今天的旅行很有趣也很有意义。天空渐渐暗了下来，古拉还在回味着，没多久，他睡着了。

不知过了多久，古拉睁开了惺忪的双眼，眼前的景象吓了它一跳。啊！草原不见了，田野不见了，牛羊也不见了，眼前只有宽阔的水面，四周山峰高耸，峭壁林立。“这是哪儿？这就是传说中的湖吗？”古拉在心中嘟囔着。

“古拉！早上好啊！”自然之光轻声道。

“您早啊！自然之光，我是来到了湖里吗？”古拉试探着问。

“这是人工湖泊。它是人类建造的一种用来蓄水的设施，人类叫它水库。”不愧是见多识广的自然之光，什么都难不倒它。

古拉好奇地左右张望着，身边多了许多没见过的小伙伴。他们也发现了古拉，一起

**水库和水电站**

水库是在河流狭窄处建造拦河坝形成的人工湖泊，可以拦洪蓄水、调节水流，也可以用来灌溉、发电和养殖。一般水库都由堤坝、库区、泄洪通道三个组成部分。

水电站是将水能转换为电能的工程设施，一般包括拦河大坝、泄水通道、引水道、电站厂房等。

金沙江是指长江自玉树县巴塘河口至四川宜宾之间的一段，长约 2320 千米，落差 3280 米，水力资源丰富，占长江水力资源的 40% 以上。我国正在建设金沙江水电基地，将在金沙江上建造 20 多座梯级水电站。

阿海水电站是金沙江中游第四座水电站。三峡工程是长江上最大的水利枢纽工程，也是当今世界上最大的水力发电工程。

↑阿海水电站

↑三峡大坝

挤上来跟他友好地打着招呼。

其中一个小伙伴说："你好，你从哪里来呀？"古拉还没来得及回答，另一个又问："以前没见过你呀，这是你第一次来吧？"

"是的，我从唐古拉山来，你们好。"见大家这么热情，古拉急忙友好地回应着。

"这里是阿海水电站库区，这里可大啦！我们带你转转吧。"说着拉着古拉就走。水库周围的连绵群山倒映在碧绿幽深的水中，壮观极了。

突然，前面隐隐约约出现一堵高大的石壁，但又不像是石壁。古拉兴奋地要过去看个究竟，却被朋友一把抓住："这堵墙的名字叫大坝，是用钢筋混凝土筑成的，里边是一个叫作水电站的地方。千万别靠近，否则死无葬身之地。去过的兄弟姐妹再也没回来过。"

"怎么可能？"古拉不信，偏要去看看，他没听大家的阻拦："没事的，我看看就回来。"在大家紧张和担心的目光中，古拉和另一些勇敢的小水滴慢慢地漂向水泥大坝。

**活　动**

你知道下面这些水库位于哪个省份或哪几个省市之间吗？查阅资料，写一写。

| 三门峡水库 | 龙羊峡水库 | 永丰水库 |
| --- | --- | --- |
| ________ | ________ | ________ |
| 三峡水库 | 新安江水库 | 新丰江水库 |
| ________ | ________ | ________ |
| 龙滩水库 | 大七孔水库 | 丰满水库 |
| ________ | ________ | ________ |

**活　动**

请查阅资料，绘制一幅金沙江水电基地梯级水电站分布图，并在图上标明水电站的设计容量等相关数据。

这是一个巨大的家伙，比前面看到的水车高上几十倍，样子也差了很多，长长的，横在水中，像一条巨龙。

呵！大坝可真大啊，一眼都望不到边，想到就要到来的历险，古拉更加兴奋起来。

不知什么时候，自然之光说话了："孩子，水电站可是个恐怖的地方啊。它会吸收你们的力量转换为人类需要的电，是很危险的。"古拉听了笑了笑："没事的，之前我们经过那么高的水车，不是也毫发无损吗？"显然，古拉志在必行。"这水车和水电站怎么能比呢，那真是小巫见大巫啊！"自然之光见劝不动古拉，叮嘱道，"孩子，那你要随机应变，照顾好自己啊！"

"什么小巫大巫，我只记得妈妈说过'不入虎穴焉得虎子，不经历风雨怎么见彩虹'，放心吧，危险的话我会及时退回来的。"

"既然下定了决心，那你就去吧，你会没事的！"见古拉信心十足的样子，自然之光也很高兴，决定给他打打气。

古拉向大坝的下方游去，很快看到一排巨大的洞口，古拉鼓起勇气，向其中一个洞口冲了过去。身边的水流得越来越快，古拉觉得自己心跳得飞快，

## 水力发电

水流具有能量。位于高处的水往低处流动时，可以推动水轮机转动。将水轮机与发电机相连接，就能带动发电机转动并发电，这就是水力发电的工作原理。水力发电按集中落差的方式一般可分为堤坝式、引水式、混合式、潮汐式和抽水蓄能式，阿海水电站就是堤坝式。建造堤坝的目的是加大水位落差，增加水的能量。

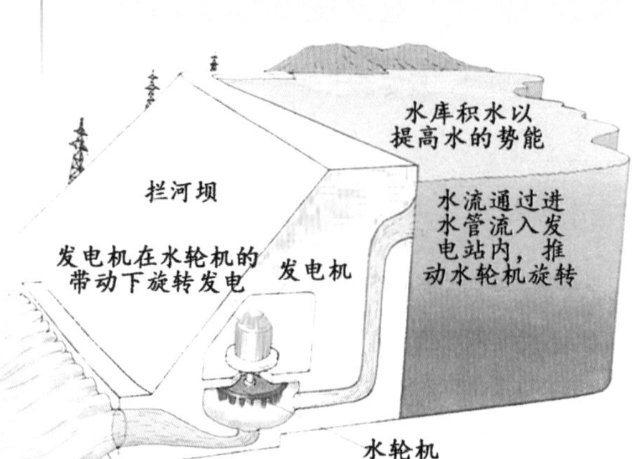

水库积水以提高水的势能
拦河坝
水流通过进水管流入发电站内，推动水轮机旋转
发电机在水轮机的带动下旋转发电
发电机
水轮机

←水力发电原理图

气都要喘不过来了……

古拉的心中渐渐地有了一丝恐惧，他想往回走，但身体早已不受自己的控制了。古拉在湍急的水流带动下，和许许多多小伙伴一起，在一根巨大的水管里飞一般地前进，然后重重地撞在了一个飞快旋转着的巨大无比的铁家伙上。这个家伙呼啸着，旋转着，古拉来不及感受粉身碎骨般的疼痛，就被一股巨大的力量甩了出去，立刻晕了过去。

不知道过了多久，古拉渐渐从昏迷中清醒过来，浑身的酸痛和眩晕的脑袋让他慢慢地回想起了刚刚发生的事情，古拉艰难地舒展了一下身体，想到自己还活着，他开心极了。

古拉开始打量起周围，只见高高的大坝已经在身后，只见一道道水柱，像出笼的猛兽，又像奔腾的巨龙，从大坝的闸口喷涌而出，巨大的轰隆声响彻河谷。

古拉简直不敢相信自己的眼睛，心里暗忖："难道，我就是从这么高的地方落下来的？"

自然之光不知什么时候悄然来临："古拉，这次历险很刺激、很过瘾吧？"古拉仿佛见到了亲人，一下扑了过去，半晌才说出一句话来："吓死我了！还以为再也见不到你了！"

自然之光脸上漾起慈祥的笑容："这不是好好地活着嘛。我的小勇士，

### 选一选

除长江干流有许多水电站之外，长江支流上也有很多水电站。下面哪几座水电站是建在长江支流上的？选一选。

□二滩水电站　　□龚嘴水电站　　□乌江渡水电站

□隔河岩水电站　　□丹江口水电站　　□五强溪电站

□葛洲坝水电站

你真的是闯过了‘龙潭虎穴呢’”

古拉渐渐平复了心情，指着大坝，问道:“我真的是从那里飞下来的吗？”

“当然啦！你和兄弟姐妹们一起，通过了水电站，来到了大坝的下游一侧。你们发出的电，已经被输送出去，进入工厂，进入千家万户了。”自然之光由衷地赞叹着。古拉心中一股豪情油然而生。

古拉顺流而下，很快，大坝那巨大的身影渐渐模糊不清了。

## 水轮机

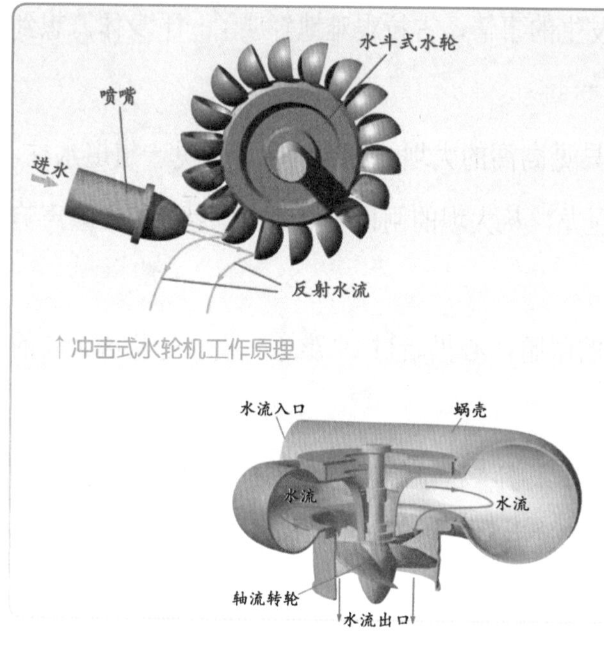


↑冲击式水轮机工作原理

↑反击式水轮机工作原理

水电站的水轮机原理和水磨坊的基本相同，只是水轮机更大，制造更精密，效率更高。根据转换水流能量方式的不同，水轮机分为冲击式水轮机和反击式水轮机两大类。水轮机在水流冲击下旋转，连接带动发电机工作，产生电流后并入电网，通过高压电线输往千家万户。

## 探　究

**影响小水轮转动速度的因素**

**器材：**小水轮、玻璃杯、大水盆

**步骤：**（1）从不同高度倒出同样多的水浇在小水轮上，观察其转动的速度。（2）从同一位置，倒出不同水量的水浇在小水轮上，观察其转动的速度。（3）从同一位置用同样的水流分别倒在小水轮叶片的不同位置上，观察其转动的速度。

**结论：**记录并对比一下，每次实验中，小水轮转动快的是哪种情况?

# 5 惊喜（水的地质作用）

一缕阳光从山后面透过高大的树木，照射到奔流的河面上。古拉伸展着疲惫的身躯，揉了揉迷糊的双眼，惊奇地发现江岸两边的风景与之前截然不同，两岸高山对峙，崖壁陡峭，一座座山峰高出江面千余米，鳞次栉比。阳光透过崖缝和树木间隙，洒落在湍急的江面上。江面越来越窄，最窄处不足百米，一座座山崖仿佛一群巨人俯下庞大的身躯向水面挤压过来。水流越来越快，古拉觉得心跳加速，气都喘不过来了，他被推到了浪尖，飞速向前冲去。

啊！这感觉真是棒极啦，既惊险又刺激！古拉由衷地赞叹着。

自然之光沉稳的声音再一次响起："古拉，你还好吗？"

"你好！自然之光，这是哪儿啊？"自然之光笑道："古拉，你已经来到了金沙江下游的峡谷。这里峡谷两边的山已经矮多了，在上游、中游的峡谷要高多了，尤其是虎跳峡，江面最窄处只有30米，两岸峰顶和峰谷的落差最高达3000米呢。可惜你经过那里的时候睡着了。""虎跳峡！真是个有趣的名字啊？为什么取这个名字呀？"古拉听了觉得很好奇，又因为没亲自看到感到遗憾。

“因为最窄处的江中有一块巨石，相传有猛虎曾经在这里跃江而过，这块石头就被称作虎跳石，峡谷也就叫作虎跳峡。”自然之光说，“往后的长江啊，可是越流越宽了。不过，长江还有一段叫三峡的地方很有名，包括瞿塘峡、巫峡和西陵峡。瞿塘峡口的夔门，江面最窄处不到50米，水流湍急，两岸断崖峭壁高达350多米，非常壮观。你路过的时候要留意哦。”“我到那里的时候一定不睡觉。”古拉又高兴，又向往。

过了一会，古拉又有疑问了：“自然之光先生，我有个问题一直想问你。从沱沱河到这里，有的地方的水清澈见底，有的地方浑浊如泥，有的地方的水还带颜色。这是怎么回事？”

### 中国的地形地势

中国的地形地势呈西高东低、面向大洋三级阶梯式下降趋势。虎跳峡处于第一阶梯边缘，往下进入第二阶梯，长江三峡的末尾处于第二阶梯边缘，往后就是第三阶梯，直至入海。这种阶梯状的地形使河流形成较大的多级落差，金沙江段落差最大，其次是长江三峡段，其间蕴藏了便于多级开发的巨大的水力资源。同时，这种阶梯地势，也为东部、中部造成了大量降水，河流也多自西向东横贯大陆，为水上航运创造了便利条件。

西陵峡→

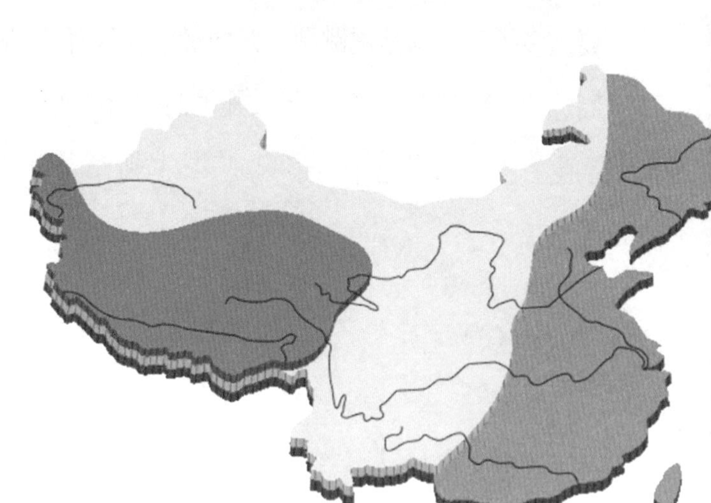

↑三级阶梯分布的中国陆地地形图

“呵呵，这啊，也是你们水家族的杰作啊！”自然之光呵呵地笑，可表情有点怪怪的。古拉不知道这句话是夸奖还是其他什么意思，不禁挠挠头，说：“自然之光先生，你还是给我讲讲吧。”“好，好，好。你们水家族蕴藏着无穷的力量，不但能推动水轮磨麦子发电，还能改造大地。看到了两边山上的乱石吗？当雨水从天上落下，又汇集成流水的时候，都会对地面进行冲刷。地面的石头、泥土，就会慢慢地被水侵蚀、搬动，随水流进入河道，所以河水变浑浊。水流缓的地方，泥沙沉降到水底，水又会变清。”

“我知道了，上次在阿海水电站水库底下，除了泥沙，我还看到了很多树枝等乱七八糟的杂物，一定也是随水流下来的。”古拉专心致志地听着，不禁

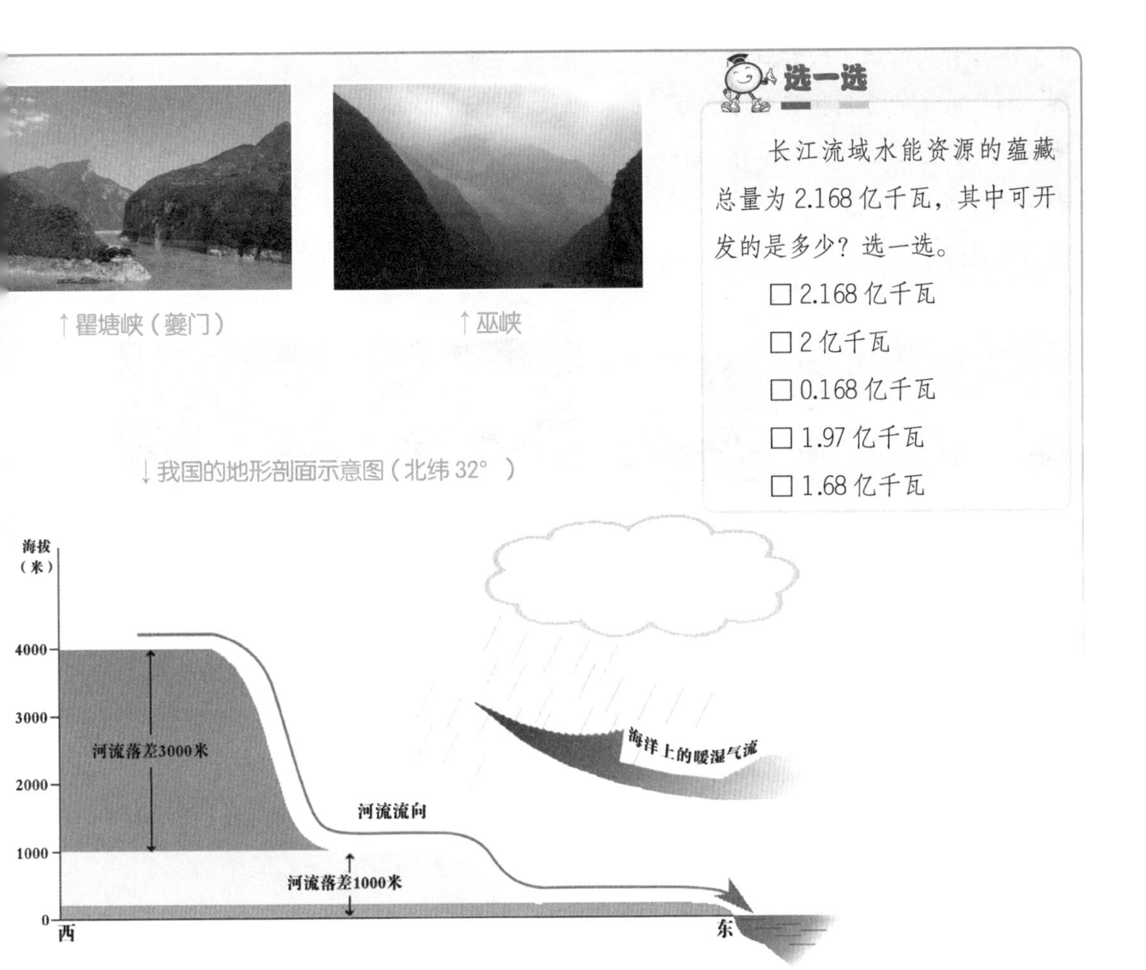


↑瞿塘峡（夔门）

↑巫峡

↓我国的地形剖面示意图（北纬32°）

**选一选**

长江流域水能资源的蕴藏总量为2.168亿千瓦，其中可开发的是多少？选一选。

□2.168亿千瓦

□2亿千瓦

□0.168亿千瓦

□1.97亿千瓦

□1.68亿千瓦

感叹："原来我们水有这么大的力量啊！"

"那是当然了。"自然之光接着说道，"水不仅仅能改变地貌，也会改变地理条件呢。你看到这个江湾了吗？两边的地形有什么不一样？"

"很明显啊，一边陡峭一边平坦。陡峭的江岸显然是江水的冲刷作用造成的。"

"不错。可是平坦河滩是怎么形成的呢？"

古拉摇摇头。

"这个河滩叫河漫滩。在江转弯的地方，江水向一边冲击，因此这边的江岸变陡峭；渐渐地，江岸不断被侵蚀，江面变

### 水侵蚀作用

水对土壤和岩层有冲刷、磨蚀和溶蚀等作用，统称为侵蚀作用。冲刷作用会使地表的泥沙、杂物随水流入河道。通天河流域、金沙江流域地面植被稀少，地势落差大，水的冲刷作用非常明显，这也导致大量泥沙进入江中。磨蚀作用会使地表的土壤、岩石分裂成小块而剥落下来。沟壑纵横的黄土高原、精美的鹅卵石主要是磨蚀作用造成的。溶蚀作用会使一些岩石慢慢溶解。巧夺天工的溶洞和喀斯特地形地貌，主要是溶蚀作用的杰作，如湖南张家界的黄龙洞、云南石林、四川九寨沟等。

↑黄土高原

↑喀斯特地形（云南石林）

↑鹅卵石

↑溶洞（黄龙洞）

### 探 究

**准备材料**：木板、棉布、地毯（或类似物品），上面放等量的土（沙子），倾斜放置。

**实验1**：用等量水均匀冲刷不同材料上等量的泥土（沙子），比较泥土（沙子）被冲下的量。

**实验2**：用不等量水均匀冲刷相同材料上等量的泥土（沙子），比较泥土（沙子）被冲下的多少。

**思考**：水的冲刷作用效果受什么因素影响？

**调查**：寻找水的侵蚀作用的现象，拍照并进行分类。

宽，靠近另一岸边的水流变缓，水中的泥沙就在岸边沉降下来。长年累月就变成平坦的河漫滩了。”听到这，古拉飞快地向陡的河岸冲过去，猛地用力一撞，又飞快地向另一边的河岸冲过去，可是不知怎么回事，速度越来越慢，好不容易靠了过去，却只是轻轻碰了一下河岸。他感觉两边的河床深浅不一样，也有点理解自然之光说的话了。

“古拉，看来你要交些新朋友了呢，你看前面。”古拉还沉静在思考之中，

### 河漫滩平原和冲积平原

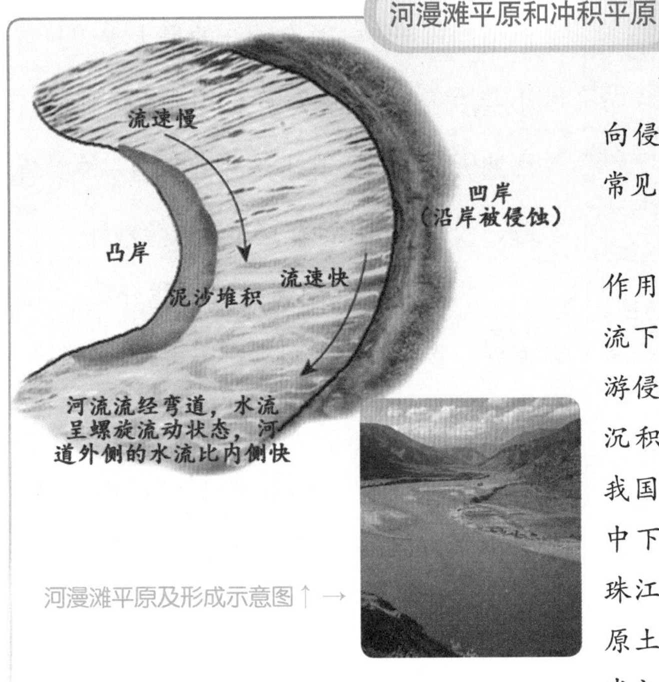


河漫滩平原及形成示意图↑ →

河漫滩平原是由河水侧向侵蚀和堆积作用形成的，常见于河流拐弯处和分叉处。

冲积平原是由河流沉积作用形成的平原地貌。在河流下游，河水流速变缓，上游侵蚀带下来的大量泥沙便沉积下来，渐渐形成平原。我国著名的冲积平原有长江中下游平原、黄淮海平原、珠江三角洲平原等。这些平原土地肥沃，都是著名的鱼米之乡、产粮基地。

河流沉积作用不仅形成了平原，还往往导致河流改道。长江、黄河在历史上都存在大幅度改道的现象。

冲积平原→

调查长江或黄河改道的历史材料，写一篇相关的小论文。同时绘制一幅长江或黄河的旧河道示意图，与现有河道位置作比较。

突然听到自然之光轻声呼唤，便抬起头，顺着自然之光示意的方向望去，只见河岸两边的森林变得稀疏，又出现了一条新的河道。古拉发现一股清水和一股浊水在两条河道的交汇处，形成了一条明显的分界线。随着水流，分界线不断延伸，最终交汇在一起，清澈的江水便不见了。

一不小心，古拉被拽进了一个大漩涡，来到了两股水流的交汇处，这里有很多来自另一条河道的兄弟姐妹。大家在一起挤挤攘攘，你一言我一语快乐地互相介绍着。古拉这才知道，这条新河道叫雅砻江，是金沙江的最大支流，有小金沙江之称。它发源于巴颜格拉山南麓，离通天河很近，几乎是并排向南，流经青海、云南、四川，在这里汇入金沙江。

古拉兴奋地向大家做自我介绍：“大家好，我叫古拉，我来自唐古拉山下的沱沱河。”

大家伙听了都投来了惊讶的目光，“哇，沱沱河啊，那可是长江的源头啊。”

其他人也开始介绍自己起来。“我叫

### 长江支流

支流在水文学上指汇入另一条河流（或其他水体）而不直接入海的河流。流域面积达 1 万平方千米以上的长江支流有 49 条，雅砻江、岷江、嘉陵江、乌江、沅江、湘江、汉江、赣江八条支流，就是人们常讲的长江八大支流。

雅砻江是八大支流中最靠上游的一条，在攀枝花注入金沙江；岷江是长江上游水量最大的一条支流，横贯成都平原，在宜宾注入金沙江，此后江段正式称为长江；嘉陵江是长江流域面积最大的支流，达 16 万平方千米，在重庆朝天门注入长江；乌江发源于贵州，又称黔江，在重庆涪陵注入长江；沅江又称沅水，在湖南常德注入洞庭湖；湘江是湖南最大的河流，在岳阳注入洞庭湖；汉江是长江最长的支流，又称汉水，在湖北武汉注入

←两色江水（重庆朝天门）

小鲜，我来自大雅砻江上游的鲜水河。”“我叫小唐，我来自雅砻江中游的理塘河。”“我叫小石，大家好，我来自雅砻江的最上游，那里叫石渠河……”自我介绍完了，大家开始聊起自己一路上的奇遇。古拉告诉大家，一路上看到了雪山、冰川、峡谷、牦牛，有优美的风景，有幽深的水库，最最惊险刺激的是从水电站中飞出来。这时小石抢着说：“雪山我最清楚了，我本来被冻在雪山的冰川上，冰川融化我才流下来的。”小唐接过话茬：“那个叫二滩水电站的水库好大好大，我在那里逛了一个多月呢。”小鲜迫不及待地说：“我也从水电站的水管中钻过，就是那个二滩水电站。它的出水口好高好高啊，冲下来时，我都没敢睁开眼睛。”古拉听到这，想起自己当时已经吓晕过去了，脸悄悄地红了。

这时，天慢慢变得阴暗了，一大片乌云从天边飘过了，黑压压地，很快就遮住了整个天空。风刮起了，明亮的闪电像利刃一样划破天空，随后传来轰隆隆的雷声。紧接着，豆大的雨点劈头盖脸地落下来，砸在岸边的地上，溅起一阵灰尘。砸在江面上，溅起一朵朵水花。古拉在黑暗中虽然有点害怕，但看到身边有这么多兄弟姐妹，心情也慢

你对长江的支流是不是也很感兴趣啊？到网上搜索一下长江其他 41 条较大支流的名字，并逐一到中国地图上去找找看。

长江；赣江是南北流贯江西的最大河流，注入鄱阳湖。鄱阳湖、洞庭湖是长江沿线最大的两个湖泊，分别是我国第一、第二大淡水湖。

↓鄱阳湖风光

慢平复下来了。

风越刮越猛，雨越下越大。很快江岸两旁，有大大小小的水流向江中倾泻，像一股股瀑布，期间夹杂着石块、泥土、树叶、枯枝。突然，古拉听到前方不远处传来一阵轰隆声。他跳上浪尖向前一望，只见一股黝黑的洪流，裹着大块石头和大量泥沙奔涌而下，倾泻入江中，激起一片浑浊的巨浪。古拉吓了一跳，赶忙跳下浪头，抓住小石。小石也看到了，对古拉说：“那是泥石流，我在石渠河碰到过。我们赶快躲开。”说着，拽着古拉就往江的另一边跑。

### 泥石流

泥石流是指暴雨或洪水把带有砂石的松软土质的山体浸泡稀释后形成的特殊洪流。泥石流多出现在树木稀少的半干旱山区或地形险峻的地区。我国有泥石流沟1万多条，大部分在西藏、四川、云南、甘肃等地。因为泥石流带有大量砂石和泥土，流速快、流量大，所以破坏力特别强，对人类的生产生活带来严重危害，甚至会造成人员伤亡。

↑奔涌而下的泥石流

↑泥石流中的房屋

### 活　动

1. 搜集整理近两年关于泥石流灾害的报道。了解一下，你的家乡存在泥石流的危害吗？

2. 假如你到山区游玩时碰上暴雨，你该采取什么样的措施来防范山洪或泥石流暴发带来的危险？查找资料，写一篇防范和自救指南。

# 6 赞叹（水的治理）

古拉觉得自己被挤着身不由己地向前奔流，身边的兄弟姐妹们吓得不知所措，喊着，叫着，可是风声、雨声汇成一片，根本分不清自己身在何处，身边挤着的是谁。古拉只有紧紧地拉着兄弟姐妹们的手，希望自己不要被甩出去。

古拉和兄弟姐妹们一路沉沉浮浮，跌跌撞撞，打着旋儿，一会儿被冲到岸边，一会儿又被带到江心。一连几天，古拉不知道走了多远，也不知道到过什么地方，只知道一直是阴云密布，严严实实地遮住了整个天空。雨一会儿大，一会儿小，一路上不停地有水流从四面八方涌过来。两旁的山势越来越缓，河道越来越宽，可水流却丝毫没有放缓。江水越涨越高，水势汹涌，浑浊的江水夹裹着从两岸、从上游、从支流冲下来的杂物，甚至有粗大的古树急冲而下。

突然，江面上出现了一个活物，在江水中翻腾，一会露出一段脊背，一会扬起半个脑袋，头上两只犄角挂着什么东西，丝丝缕缕的，遮住了它的真实面目，好像是牛，又好像是羊。很显然，这个活物完全无法控制自己，不由自主地随着水流高低沉浮，很快就消失在滔滔江水之中。江岸边，不时有大块的泥土垮塌下来，落入江中，刚激起一圈波澜，马上就被江水吞没了。

靠近岸边的水中立着一根水泥柱子，古拉隐约看见上面刻着一排红线，江水马上就要漫过一道最粗的红线了。古拉想仔细看看上面刻着的数字，还没等到他凑近，便被水的冲力冲向了远处，根本无法稍作停留。

江水一路狂奔，云妈妈还没有停歇地意思，古拉的兄弟姐妹们仍旧噼里啪啦地落到地面、撞到江里。“那是什么啊？”古拉在波涛汹涌的江河里挣扎着喘口气，突然被江边的一块巨石挡了一下，勉强站住了脚，忍不住向着自然之光提问。

### 土壤含水量与水源涵养

土壤含水量是指土壤中含有水的比例。土壤能够吸水并保留水分，但有一定的限度。土壤中含水比例过高，就会变成泥被水流冲走，比如泥石流。不同成分的土壤含水能力不同。植物的根系对土壤有固定作用，因此有植被覆盖的土壤保留水分的能力较强，而沙化的、没有植被覆盖的土壤保留水分的能力要差得多，水土容易流失。通天河、金沙江段泥沙量大，就是因为流域植被稀少，土壤沙化严重。

水源涵养是指养护水资源的措施，最主要最有效的措施是植树造林，恢复植被。森林是一个巨大的“水库”。自然降水的一部分被树冠截留，大部分落到树下的枯枝败叶和疏松多孔的林地土壤里被蓄留起来，有的被林中植物根系吸收，有的慢慢渗入到更深的地下成为地下水。如果没有植被截留，降水很快就带着泥沙进入江河了。

**土壤吸水比较实验**

**准备材料：**底部有孔的花盆三个，沙土、黏土各两份，量水杯一个，盆底无孔的小盆三个。

**探究过程：**

1. 两个花盆里分别放入一份沙土、一份黏土，第三个花盆里放入一半沙土，一半粘土；

2. 将相同体积的水分别倒进三个花盆里，用小盆接住从花盆里漏出的水；

3. 比较三个小盆底漏出水的先后时间，以及漏出的水量。

**探究结果：**哪一个花盆里的土更吸水，请说说你比较之后的发现。

“那根柱子是人类用来测量江水水位高度的，柱子上的红线刻度指示水面的高度，那根最粗的红线表示警戒水位。江水一旦超过警戒水位，表示人类面临的危险加大，江水可能漫过堤岸，甚至冲毁堤岸，江堤外面将变为一片汪洋，农田、村庄、城镇会被冲毁、淹没，植物、动物、人都可能被冲走、淹死。这就是洪涝灾害。”

“土壤不是有蓄水能力吗，怎么没有留住雨水呢？”古拉又问道。自然之光叹了口气：“土地有了植被才能更多地留住雨水，可是现在上游的森林被滥砍滥伐，树木大量减少，土壤的蓄水能力也就变差了，再加上现在正是雨季，雨量增大，土壤自然蓄不了这么多水了。每年的七月到九月是长江流域

↑管涌及治理（示意图）

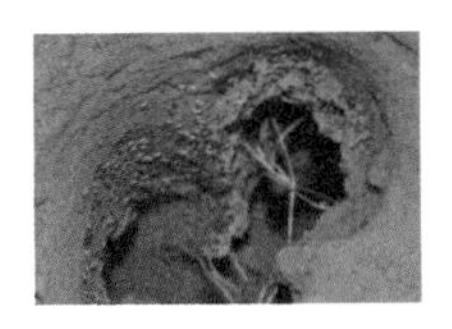

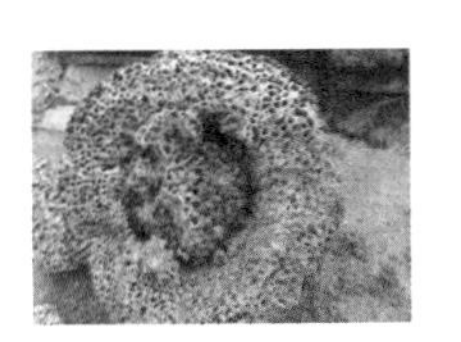

↑白蚁穴

↑白蚁窝

## 管涌和洪涝灾害

管涌是指在堤坝主体或坝基的土壤颗粒被渗流带走的现象。管涌发生时，堤坝外侧局部出现泉水一样的渗流，随着时间延长，水流不断增加，由清变浑，进而引发决堤、垮坝等事故。堤坝建造过程中用料不合理、工程质量不达标的情况下可能诱发管涌。土筑堤坝上的鼠洞、白蚁窝等也可能引发管涌，正所谓“千里之堤，毁于蚁穴”。

洪涝灾害是因水量剧增超过江河、湖泊、水库等场所的容纳能力而引发的自然灾害。暴雨、冰山融雪、风暴潮、海啸、泥石流等都可造成洪灾。人类历史上洪水灾害多发，损失不计其数。洪涝灾害不能避免，但可以预防。

## 活　动

1．你知道“千里之堤毁于蚁穴”的出处吗？有什么含义？

2．调查：搜集整理近两年我国发生的较大洪涝灾害，分析产生原因，提出预防建议。

的汛期，经常都有大洪水。”

长江的水位越升越高，水流的速度也越来越快，古拉的行动已经不受自己控制了，只能在凶猛的江水里翻滚。古拉看到左前方江堤上有很多光束不停地晃动，映着许多来回奔跑的人影，他们肩上扛着麻袋，河堤上垒起了一道长长的麻袋墙。古拉拼命靠过去，只听到人声鼎沸，一个声音吼叫着：“快，快，石块、麻袋，这里出现了管涌，还有漏洞。”接着就有好几个人搬着石头、麻袋冲了过去。

堤岸上，很多人在不停地奔忙。一个穿着迷彩服戴着帽子的健壮男人喊道：“大家加紧干啊，水势太猛了！不赶快把堤坝加高，就有漫坝的危险。”

### 禹王治水

传说大约4000多年前，黄河流域洪水为患，尧把治水的任务交给鲧负责。鲧采取“水来土挡”的策略，最终失败。禹是鲧的儿子，接替了父亲的任务。禹对全国的主要山脉、河流作了一番严密的考察，认为“治水须顺水性，水性就下，导之入海”“高处就凿通，低处就疏导”的思想，改“堵”为“疏”。

大禹根据山川地理情况，将中国分为九个州：冀州、青州、徐州、兖州、扬州、梁州、豫州、雍州、荆州。他把整个中国的山川当作一个整体，先治理土地，使大量土地变得肥沃；然后治理山岳，依山势走向疏通水道，使水畅通无阻。

↑大禹塑像

大禹治水耗费了13年，咆哮的河水终于失去了往日的凶恶，老实平缓地向东流去，人民又能安居乐业。后代人们感念禹的功绩，为他修庙筑殿，尊他为“禹神”，中国也被称为“禹域”。

←大禹治水雕塑（武汉大禹神话园）

又有一个男人喊起来了："队长，这雨水来得太突然了，降水量又太大，我们人手有限，恐怕要顶不住啦！"

那个被人们称作队长的人眉头紧锁："这次的洪水来得很快很猛，现在我们一定要克服一切困难，让洪峰顺利通过，千万不能漫过堤坝，给人民造成危害！为了人民的生命和财产安全，我们说什么也要把水堵住。"他一边说着，一边马不停蹄地在堤岸上奔忙，不停地将一包包麻袋扛过来，整齐地码在江堤上。

古拉听了心里紧张极了，脑袋里不断地浮现着城市村庄被淹没、人畜流离失所、大片大片地庄稼被淹死的画面。这些都是自己和兄弟姐妹们做的吗？自己和人类不是朋友吗？

古拉变得烦躁，他开始讨厌自己，觉得自己是恶魔的化身，是罪恶的化身，是残害无辜的凶手。"古拉，古拉，别自责了！这不是你的错！你要相信他们，人类可以拯救自己。"自然之光语气平和地安慰着古拉，希望能让古拉的情绪平稳下来。

自然之光接着说："在人类历史的发展过程中，免不了要和这些自然灾害做斗争，在和洪水做斗争的过程中，涌现了许多杰出的治水英雄。中国古代传说里的大禹，就是最早最著名的治水英雄。他治理了中国大多数的河流，第一个提出了治水不用'堵'而是'疏'的方法，为人类的发展做出了杰出的贡献。"

古拉紧接着问："但那只是传说啊！还有其他英雄吗？"显然还是有些焦急。

**活　动**

【选一选】

大禹除了治水，在历史上还有哪些功绩呢？

□疏通河道　　□排除积水

□引水灌溉　　□发展生产力

【讲一讲】

搜集资料，写一篇大禹治水的传说故事，然后讲给朋友听。

“别急啊。战国时期的李冰，也是著名的治水英雄。他和他儿子督建了著名的都江堰水利工程，不但治理了岷江的水患，还将成都平原变成了天府粮仓。都江堰在两千多年后的今天还在发挥作用，堪称奇迹。”

“哎呀，我知道，都江堰确实了不起。”旁边突然响起一个声音，把古拉吓了一跳，原来身边多了一个新朋友。古拉连忙自我介绍：“你好，我叫古拉，来自唐古拉山的沱沱河。你呢？”

## 李冰和都江堰

↑李冰父子塑像

李冰是战国时代著名的水利工程专家。公元前256年—前251年任秦国蜀郡(今成都一带)太守期间，李冰在岷江流域主持兴建了许多水利工程，最著名的是都江堰水利工程。都江堰是全世界迄今为止年代最久、唯一留存并仍在使用的水利工程，2000年被联合国教科文组织列入“世界文化遗产”名录。

都江堰位于四川都江堰市城西的岷江上，将岷江水分成两条，其中一条引入成都平原，即可分洪减灾，又可引水灌田。都江堰的主体工程包括鱼嘴分水堤、飞沙堰溢洪道和宝瓶口进水口，互相依赖，功能互补，巧妙配合，构成一个防洪、灌溉、航运综合水利工程。

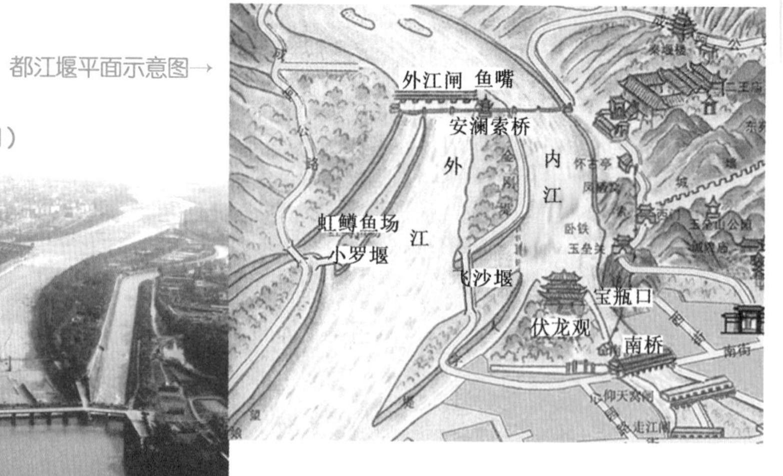


都江堰平面示意图→

↓都江堰（鸟瞰图）

“我叫阿敏。来自岷江上游。刚才你们聊的都江堰，我前些天刚经过。那里虽然也下雨，可是水势得到都江堰的有效疏导和控制，没有形成水灾。哪像这里！唉，这不，我刚从岷江进入长江，就碰到这倒霉情况。哎哎哎，别挤啊。”一听就知道阿敏就是个急性子，说起话来连珠炮一样。古拉赶忙拉住她，求她讲讲李冰和都江堰的故事。

阿敏刚讲完，自然之光接着说：“除了都江堰，人类历史上还有许多著名的水利工程，有的是水渠，有的是水库，有的是水电站，还有的综合了几种形式。这些水利工程有的是为了消弭水患，像早期的郑国渠；有的是为了引水灌溉和饮用，如新疆的坎儿井，现代的南水北调工程；有的是为方便交通运输，像著名的京杭大运河、苏伊士运河、巴拿马运河；也有的是利用水力产生电能，像阿海水电站、二滩水电站等。三峡大坝则有蓄水、发电、通航、防洪等诸多功能。”

听完阿敏的故事和自然之光的娓娓诉说，古拉的眉头渐渐展开，脸上露出了欣慰的笑容。他在心里默默祈祷：希望这场洪水不会给大地带来灾难。

**活　动**

郑国渠也是战国末期秦国修建的一项大型水利工程，由韩国水工郑国主持，历经十年。请查阅相关资料，了解郑国渠的历史，尝试在陕西省地图上画出郑国渠的位置。

↑郑国渠首遗址（现为泾惠渠）

↑郑国塑像

## 南水北调和倒虹吸工程

南水北调工程是为了缓解中国华北和西北地区缺水的大型水利工程，分东线、中线、西线三条调水线，与长江、黄河、淮河、海河连通，构成四横三纵的总体布局，实现水资源南北调配、东西互济的灵活配置。

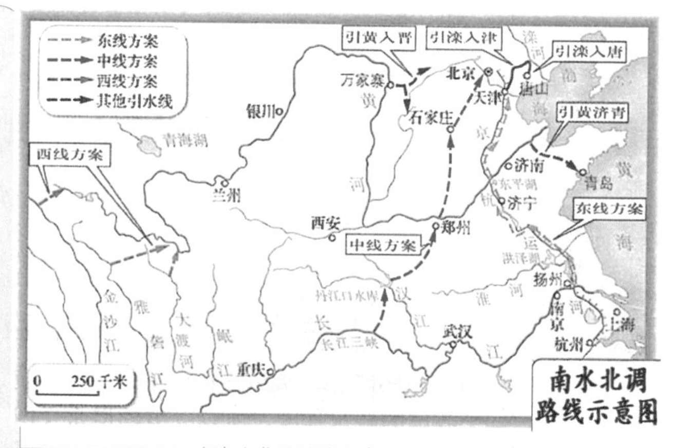

↑南水北调路线示意图

东线从扬州引长江水，利用京杭大运河等河道逐级提水北送，直到北京、天津、烟台、威海。中线从湖北丹江口水库调水，经河南南阳、郑州，沿京广铁路北上到达北京。西线从长江上游通天河、支流雅砻江和大渡河上游筑坝建造水库，开凿巴彦克拉山的输水涵洞，调长江水入黄河上游。

倒虹吸工程是一种压力输水管道，可以用来穿过山谷、河流、道路等，由于具有工程量少、施工方便、节省动力、造价低且便于清除泥沙等特点，在南水北调工程中被广泛使用。倒虹吸和虹吸原理相同，只是虹吸弯管朝上，倒虹吸弯管朝下。

↑倒虹吸工程

### 活　动

**虹吸实验**

**器材：**橡皮管（约30cm）、两个水盆。

**步骤：**1.将两个水杯一高一低放置，高处的水杯装上水。

2.将橡皮管压入水中，使软管里完全充满水。

3.用手指堵住水管两端的开口，将水管一端移至较低的水盆。松开手指，可见有水不断流出。

**观察并记录：**逐渐抬高较低水盆处水管端口，观察水流的变化情况，并记录下来。

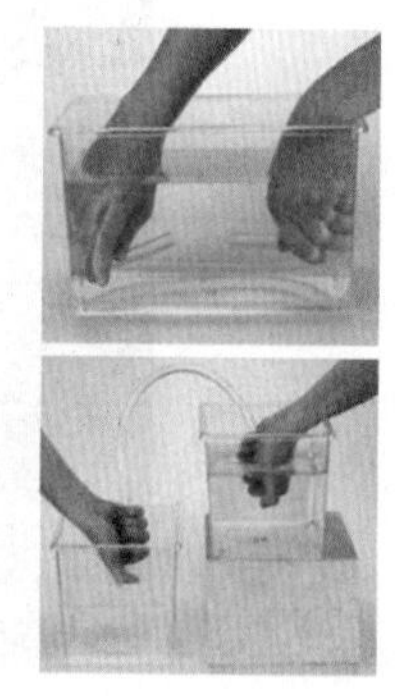
↑虹吸实验

# 7 自在（各种各样的水）

雨终于停了，厚重的云层也逐渐消散了，久违的太阳终于露出了笑脸。洪水渐渐退去，大江两岸到处是洪水肆虐的印迹：泥泞、枯枝、乱草留在河边的滩涂上，显示出洪水流逝的走向；折断的树枝、倒伏的农作物，还保留着与洪水抗争的姿势。一切都在炙热阳光的烘烤下，慢慢变干，只留下一层灰黄干巴的泥土包裹着。

古拉一路看着失去生机的河岸，沉默了。刚刚认识的几个新朋友也都不知哪去了。

又不知流了多久，走了多远。江面变得开阔了，江中出现了许多大小不一的绿洲，许多芦苇、水草遍布其中，郁郁葱葱，连成一片。古拉钻进一片水草丛中。这里水流很缓慢，也很清澈，映着蓝天白云，又被伸出水面的芦苇水草划拉出的波纹扯得皱巴巴的。许多不知名的水草，拖着长长的藤蔓样的躯干，随着水流来回摇摆。悠闲的小鱼调皮地在水草间钻来钻去，不时用嘴在滑滑的青苔上叼啄几下，扯下绿绿的一小片。

古拉感觉来到了另一片天地。

突然，一颗石子落进水里，刚好打在古拉头上，痛得他摸了摸头，刚要喊疼，抬头看到岸边来了个人，手里提着一个圆圆的东西，“扑通！”丢进水里。

“那是什么？长得好奇怪！”“这叫桶，是人类打水用的……”，自然之光还没介绍完，古拉就被桶“抓”走了。古拉在桶里抬起头，看见桶的把手上栓了一根绳子，绳子的另一头在一位看起来很和蔼的老爷爷手里。桶被老爷爷提着，随着步子高低前后地起伏，古拉在桶里跟着高低前后地晃悠。经过一条长长的林荫道，古拉被带到一个古朴的村镇。镇子里的房子有青砖砌的墙，墨黑色的瓦，木制的房梁撑起一条不宽的走廊，可以遮风避雨。古拉好奇地打量着这个新的世界，心里有些忐忑。

### 水体的自我净化

水有一定的自我净化能力，受到污染的水体可以经过水体中物理、化学与生物作用，使污染物浓度降低，基本恢复或完全恢复到污染前的水平。水的自净能力与水中的微生物、植物、动物、砂石等有关，也与水体的流量、流速、污染程度、水温等因素有关。一般来说，流动的活水以及具有多样水生动植物的水体自净能力比较强。水的自净能力有一定限度，超出自净限度，水体中的水生动植物将死亡，进而腐烂，会使水体水质进一步恶化。

### 活 动

“流水不腐，户枢不蠹”，讲的就是流动的活水不会腐烂。请仔细观察下面的图片，将这些水体按自净能力强弱排序。

↑河流

↑湖泊

↑池塘

↑水坑

↑有排污口的河流

古拉在桶里待了一整天，正觉得烦闷，老爷爷来了。老爷爷把水舀到一个陶土制成的壶里，又放到一个烧着柴火的小炉子上。古拉在水桶里静静地看着，不知道老爷爷要做什么。火苗不断舔着壶底，不时地从侧面伸出长长的火舌。壶中的水温渐渐升高，开始有一缕缕白气在壶口飘出，渐渐地又发出了声响，声响越来越大，最后突然又变小了，壶口水汽剧烈地冒出来，顶得壶盖哗哗直响。

老爷爷拎起水壶，将水倒入一个同样用陶土制成的茶杯中。古拉听到了一个中年男子的声音："老爷子，

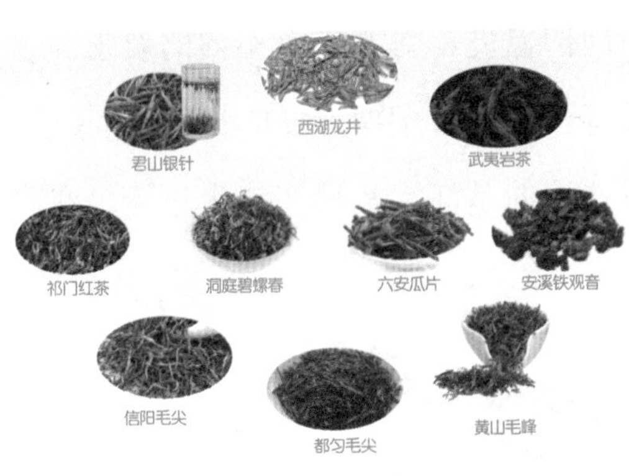


↑中国十大名茶

### 茶 水

茶水，就是泡了茶叶的水。中国是茶的故乡，茶文化深厚，茶叶的类别品种繁多，有绿茶、红茶、黑茶、乌龙茶、黄茶、白茶、花茶、药茶等。西湖龙井、洞庭碧螺春、黄山毛峰、都匀毛尖、六安瓜片、君山银针、信阳毛尖、武夷岩茶、安溪铁观音、祁门红茶被称为中国十大名茶。泡茶的水要求清、活、轻、甘、冽。

茶叶含有多种维生素、氨基酸和抗氧化物质与抗氧化营养素，泡水后，茶叶中的这些物质会溶解在水里。因此，茶水具有清油解腻，增强神经兴奋以及消食利尿的功能，也有助防老，具养生保健之效。

## 活 动

虽同是饮茶，各种茶的泡制方法及用水的温度并不相同，请为下面的茶叶选择合适的冲泡温度。

A. 100℃　　B．90℃　　C．70℃-80℃　　D．70℃

↑西湖龙井（ ）

↑六安瓜片（ ）

↑白毫银针（ ）

↑冻顶乌龙（ ）

今天泡什么茶啊？”老爷爷微笑着，眯了眯眼睛：“今天的茶很不赖，是我上周刚买回来的雨前龙井。”中年人问：“怎么倒了水却不放茶叶呢？”

老人不急不忙地摆摆手：“莫慌，这绿茶呀，最怕开水烫！水一烫啊，无论是汤色还是营养都差远了！”

等了约莫两分钟，水不再滚烫，老人家不慌不忙地用一把竹制的小勺子，舀了一勺茶叶放进了茶杯，然后盖上了盖子。古拉听着老爷爷向中年人夸赞起自己的茶来：“喝绿茶还是龙井好，喝龙井还是西湖狮峰的好，那可是最好的绿茶了。咱中国人喝茶可讲究了，茶叶的品种、茶叶的用量、水温的高低、泡茶的器具、泡茶的手法等等，都有不同的要求。”

老爷爷边说边打开茶杯的盖子。“就拿这泡茶的水来说吧，每种茶冲泡都有不同的温度，对水也有不同的要求。古人有“山水上、江水中、井水下”的说法。我这用的是江水，现在江水正清，我打

**水与酿造**

酿造是利用发酵作用制造酒、醋、酱油等。发酵实际是在一定条件下，微生物对有机物的分解过程。家庭制作大饼、油条、馒头、包子时就要让揉好的面粉先发酵。酿造酒、醋、酱油等，也有一个封缸发酵的过程。

决定酒、醋、酱油等产品优劣的主要因素是酿造工艺，但水质同样重要。酿造对水的硬度、碱度和PH酸碱度等指标都有明确要求，而且绝对不能有污染。所谓“佳泉出美酒”，一些地区的水质由于品质高，并含有一些微量元素，酿造出的产品常具有独特风味。

←米酒

↑醋

←黄酒

回来又晾了一夜，虽说比不上山里的泉水，但也很不错了。”说罢，便把刚泡上的杯中的茶水倒了，留下茶叶。

“嗨！老爷子，怎么把这么好的茶倒了，您不喝，给我喝呀！”古拉听到中年人的惊呼声，对老人的举动也感到不解。

“啊，我这是洗茶呢！茶叶上通常会附着些灰尘啊什么的，所以要洗掉。”老人轻描淡写地说着，他看了一眼皱着眉头的中年人：“你觉得浪费是吧！”

“嗯！”中年人急忙点头，老人往茶杯里又倒了一杯水，接着说：“刚才我只放了半杯水，并未久泡，真正的汤色还未泡出呢！”说着将手中的茶杯举到中

**自制环保酵素**

将厨余（蔬菜、果皮等鲜垃圾）与糖和水混合，经厌氧发酵后产生的棕色液体，称为环保酵素，可以用来清洁家居、洗刷碗筷、给宠物洗澡等。

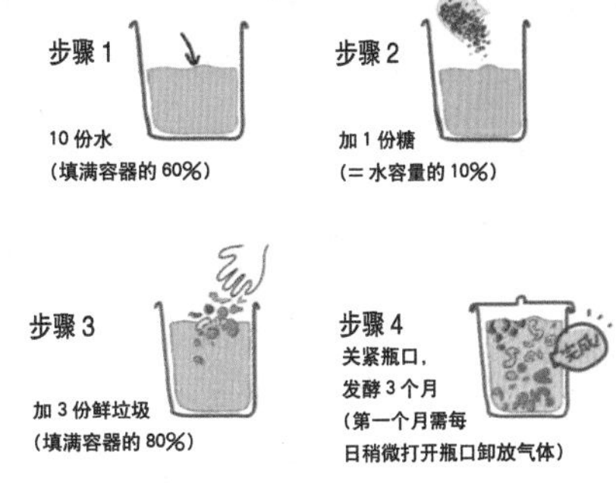


↑自制环保酵素

**1. 准备材料：**

制作环保酵素的材料：比率是 3:1:10，也就是 3 份厨余、1 份糖、10 份水。比如：300g 鲜垃圾（蔬菜叶、水果皮等），100g 糖（黑糖、黄糖或糖蜜），1000g 水；

**2. 制作过程：**

（1）将有盖子的塑胶容器装六成的自来水，将糖倒入水中，轻轻搅匀融化。（可用手去搅拌）

（2）将蔬果厨余放进糖水中，轻轻搅匀，要使所有蔬果厨余都浸于水中。

（3）将塑胶瓶盖旋紧，在瓶身上注明日期，放置在阴凉、通风之处。（容器内留一些空间，以防止发酵时溢出容器外）

3. 制作过程中的第一个月会有气体产生，每天将瓶盖旋松一次，并立刻关紧，释放出因发酵而膨胀的气体就好。

4. 一个月之后，塑胶瓶不再鼓起，说明没有气体产生，不用再每天松盖。继续静置至三个月，滤出液体（即酵素）呈棕黄色，稀释后即可使用。

年人面前："你看这茶色，这是最好的龙井，冲泡的汤色嫩绿明亮，还透着阵阵清香吧。"而此时杯中的茶水也已渐渐变成了透亮的绿色。

"那是不是不同的茶有不同的功效呢？我觉得我平时喝的红茶也很不错啊，能起到提神的作用呢。""哈哈，你说的不错，红茶能舒张血管，养胃护胃，适合秋冬饮用，对我们老年人来说也是很不错的保养品呢。"

"咱们中国人除了喝茶历史久远，关于酒的文化也值得说道说道呢！"老爷爷的话匣子打开就关不上了，"光酒的酿制方法就有很多种，不同的工艺也用着不同的原料。外国人的洋酒我是喝不惯，还是觉着我们的白酒好喝，取山上清冽的山泉把最饱满的大曲浸泡、发酵。那口感，啧啧啧"

老人边说边嘬一口茶，闭眼回味其甘甜，点头称赞，还不忘咂起嘴来，仿佛喝得不是茶而是酒呢。

这时一个十岁左右的小孩刚从外边玩耍回来，看见大人们在泡茶觉得很有意思，就蹲在旁边，认真听老爷爷和中年男子说话，这时忍不住插嘴：

### 饮　料

饮料是指以水为基本原料，由不同的配方和制造工艺生产出来，供人们直接饮用的液体食品。饮料除提供水分外，由于在不同品种的饮料中含有不等量的糖、酸、乳、钠、脂肪、能量以及各种氨基酸、维生素、无机盐等营养成分，因此有一定的营养。但是，市售的饮料中含有色素、香精、糖精以及防腐剂，会增加人体肝脏的负担。

其实，白开水最能解渴，进入体内后能很快发挥代谢功能，有利于代谢废物的排出，不容易疲劳。因此，青少年儿童尽可能少喝饮料，更不要用饮料代替白开水。

↑苏打水

↑可乐

↑果汁饮料

↑汽水

“爷爷，爷爷，你们说的茶啦、酒啦，都不好喝。茶水有啥好喝的，又苦又涩。酒更不好喝，辣的很，还容易喝醉，伤身体。还是饮料好喝，苏打水、柠檬水、可口可乐等等，各有各的味道，好喝着呢！ 就是瓶装的绿茶、红茶饮料，冰镇一下，也比你这热茶好喝多了。”

中年人此时当起了老师：“儿子，对于你来说，白开水才是最好的饮料！”“凭什么，你们都喝那些红的、黄的、绿的，我只能喝白的！”

“哈哈哈哈！”老人和中年人都被孩子的话逗乐了，中年人开始耐心地给孩子讲起了饮料里的学问。

孩子听了若有所思，有点似懂非懂，但他知道爸爸的意思，就是要自己多喝白开水，少喝饮料，不禁嘴角嘟哝起来：“你们大人说的都是对的。如果饮料这么不好，干嘛还生产这么多，专门来诱惑我们小孩子呢？”孩子一脸的不服气，又把老人和中年人逗乐了。

这时，古拉耳边响起了自然之光的声音：“古拉，你知道吗，不管是茶水、酒水、饮料等，都是溶液，水在里边充当的都是溶剂的角色。大自然如果没有水，那就没有生命。所以说，水是生命之源。”古拉也觉得在人类的世界里原来还有这么多学问，也没想到自己作为水对

## 活 动

**自制饮料**

无论是在万花争艳的春天和金桂飘香的秋天，还是溽暑蒸人的夏天和寒凝大地的冬天，自己在家动手制作一杯馥郁清冽的饮料，一天喝一杯果菜汁或果蔬奶饮，有时身体健康。

↑自制蔬菜水果汁

大自然的生命起到了如此重要的作用。古拉再一次感到自己的神奇和人类的智慧。

这时，老人把水壶里的水倒尽，又舀了一壶水开始烧。古拉被舀到了壶里，在高温下上下翻滚了一回，又被老人倒入了另一个带盖的大玻璃杯里，拎起就出门了。

**溶　解**

一种物质分散到另一种物质之中的过程称为溶解。例如：把糖放入水中，糖会溶解到水中，看不到了，但水变甜了。盐溶解在水中便形成盐水。糖水和盐水都是溶液，而糖、盐称为溶质，水称为溶剂。

水是自然界最重要、最普遍的溶剂。许多物质都能溶解在水中，因此，天然水都不是纯净的，如海水、河水、溪水、井水等，都含有许多物质。营养物质溶解在水中，才能被生物体吸收。

有些物质在水中不能溶解，而形成悬浊液，如泥土放入水中搅拌，就得到悬浊液，静置一段时间，泥土会沉淀下来。还有一些物质在水中会形成乳浊液，比如油和水放入瓶子中使劲摇晃就得到乳浊液，静置一段时间后，油和水会分成两层。

←溶液

↑乳浊液（油水分层前后对比）

**活　动**

1．自制溶液、悬浊液、乳浊液，对比三者的不同。

2．把家里常见的液体按溶液、悬浊液、乳浊液分分类。有没有不能归为这三类的液体？

# 8 和谐（水文化）

老人的这个玻璃杯，是经常用来泡茶的，外面包裹着一个细塑料条编成的瓶套，刚好装下玻璃杯三分之二，然后有两根铜丝扭成的拉环，攥在老人手里正合适。老人一手拎着茶杯一手拄着拐杖，神情庄重地朝外走去。

这是一个古老的镇子，街道是用青石板整齐铺排的地面，横竖着许多裂纹和磨痕；两旁的房子有的是青砖黛瓦，木头的柱子，镶着木板的墙壁，有的是半截青砖墙上面再垒着小半截土坯墙。不时看到有座房子挑出一面酒旗或其他旗帜，欢迎过往人员光顾。

老人家的脚步不快但很有力。前面响起了锣鼓声，身边不断有人超过老人朝前跑去。来到街口，原来这里有一大片场地，已经站满了人，锣鼓敲得震天响，还有红的黄的许多旗帜，有的插在架子上，有的被人拿在手里来回摇摆挥舞，发出呼啦啦的声响。

古拉环视了四周，对旁边的水滴兄弟说:“这是哪里啊，这些人在干什么？”听了古拉的提问，另一个小水滴的语气中充满了激动：“我知道。这是一年一次的庙会，今天还有祭祀典礼！我去年就经历过一次。这不，到地下转悠了一

大圈，不想又转回来了。”“庙会？祭祀？是什么活动？”古拉好奇地问。这对于初来乍到的古拉来说是从来没听过的、没见过的，他感到很新奇。

“你是新来的吧，祭祀可是我们这一年一次的大事情啊。每年的这一天，镇上和周边村子里的人都会从山上最干净的一眼清泉里舀上来一瓶水，到街口的龙王庙祭祀。”“哦，为什么要这样啊？”

“祈求风调雨顺，五谷丰登呀！否则他们干嘛这么兴师动众，还搞这么隆重的仪式。”古拉觉得他说得挺有道理，用力点了点头。

这时，老人来到一个桌子旁边坐下，将

**水崇拜**

在我国古文化的神话系统中，水神是传承最广影响最大的神祇，江河湖海甚至水井水潭都有职司不同的水神。古人在洪水、干旱等自然灾害面前几乎无能为力，只好祈求这些虚幻的水神，由此便出现了水神崇拜现象。古代祭祀时不但提供牛羊猪等祭品，有的甚至将童男童女丢入河中、潭中献给水神，为河伯娶亲等荒唐事，实际是对水的依赖和恐惧。很多崇拜祭祀的传统延续至今，已经演变为民俗文化活动，常作为节日或庆祝活动的一部分，或开发成特色旅游资源，如羌族的水神节、傣族的求雨祭祀等。

羌族水神节

**活　动**

远古时代，人类逐水而居，长江黄河孕育了华夏文明，尼罗河孕育了古埃及，两河流域孕育了古巴比伦，地中海孕育了古希腊、古罗马文明，不同的文明都存在水崇拜现象。请查找资料，整理一下对中国及世界的水崇拜现象，形成一篇小论文。

茶杯放在桌子上。古拉这才看清，原来这个广场是在镇子的一头，面积还真不小，有一座被称作龙王庙的房子，大门正对着长江。看来镇上的重要活动多半都在这里举行。

古拉猛然看见庙里立着一个巨大的石像，那石像长着马头、鹿角、鱼须……实在是一副奇怪的样子，把古拉吓了一跳："这是什么啊？"

旁边一滴水介绍起来："长成这样的叫作龙，而这人形穿袍子的就是龙王，是人类眼中的雨神。"

"不是云妈妈负责下雨的吗？"古拉不解地问。

↑龙王雕像

↑佛教龙王雕像

↑中国龙

**龙王与祈雨**

龙王是非常受古代百姓欢迎的神之一，唐宋以来，帝王封龙神为王，从此，龙王成为兴云布雨，为人消灭炎热和烦恼的神，龙王治水则成为民间普遍的信仰。龙图腾也慢慢成为华夏民族所信奉崇拜的标志。

中国是一个以农耕为主的国家，民间普遍认为天旱是因为得罪了龙王爷，为求得龙王爷开恩，赐雨人间，就举行一系列形式各异的祭祀、祈祷仪式来求雨，称为祈雨。古代祈雨受到朝廷的重视，每遇天旱，都要设坛求雨，并有专门的典章仪式。

**活　动**

你的家乡有哪些关于龙的民俗活动？你听过哪些关于龙的传说？你知道哪些关于龙的成语？分别收集整理一下，然后给同学、朋友或家人讲一讲。

古时候的人也不懂这些啦！他们不知道的事情就觉得很神圣，一定是天上的神在掌管着，龙王就是他们想出来的神啦！除了龙王，还有很多很多神呢！”

离江边最近的地方摆着一个香案，上面放着供品，案前有个穿着红黄袈裟

## 有关水的节日

**与水有关的节气**：二十四节气到秦汉时代就完全确立，日期基本固定，可以说是最古老、最普遍、最实用的指导农事的历法。其中与水有关的有7个："雨水”表示雨量渐增，是开春草木生长的时候；“谷雨”表示雨水增多，是播种、出苗的好时候；“白露”表示天气渐凉，露凝而成白色；“寒露”表示天已寒冷，露将凝结；“霜降”表示出现最初的寒霜；“小雪”表示开始下雪；“大雪”表示雪盛，有积雪。与此类似，古埃及则把一年分为3个季节：洪水泛滥期、土地露出水面期、缺水干旱期，都与水相关。

↑傣族泼水节

**泼水节**：每年4月中旬，中国傣族和泰国、缅甸、老挝等国都要欢度泼水节，期间大家用洁净的清水相互泼洒，祈求洗去过去一年的不顺。泼水节其实为傣族的新年，一般在傣历四月中旬（即农历清明前后十天左右）举行，为期三至四天。

↑世界水日宣传画

**世界水日**：为了唤起公众的水意识，加强水资源保护，第47届联合国大会确定自1993年起，将每年的3月22日定为“世界水日”。我国从1994年起，把每年的3月22日开始至3月28日为止定为“中国水周”。

二十四节气歌

立春梅花分外艳，雨水红杏花开鲜；
惊蛰芦林闻雷报，春分蝴蝶舞花间。
清明风筝放断线，谷雨嫩茶翡翠连，
立夏桑果象樱桃，小满养蚕又种田。
芒种玉秧放庭前，夏至稻花如白练；
小暑风催早豆熟，大暑池畔赏红莲。
立秋知了催人眠，处暑葵花笑开颜；
白露燕归又来雁，秋分丹桂香满园。
寒露菜苗田间绿，霜降芦花飘满天；
立冬报喜献三瑞，小雪鹅毛片片飞，
大雪寒梅迎风狂，冬至瑞雪兆丰年；
小寒游子思乡归，大寒岁底庆团圆。

的和尚。四周里三层外三层地围满了人。“那个和尚是谁啊？”古拉好奇地问身边的水滴。“那是人们从深山里请来的一位高僧，是专门来主持祭天仪式的，以示对祭天的重视和虔诚。”

只见那位高僧将一张符纸放在了水面上，符纸乘着水流而下，高僧则在案前原地坐下开始念起了经文，身边的村民们没人发出一丝声音，脸上充满了虔诚，人们的心里都默念着对来年的期待。

几分钟后，高僧的经文念完，站了起来对着大家双手合十鞠了一躬。大家欢呼了起来。那位高僧也默默地走进了广场一边的祠堂里。

“对了，刚才说的祭天是什么啊？”古拉的好奇心没有得到满足，还在继续思考着。

“祭天就是祭拜老天爷，祈祷来年风调雨顺，粮食丰收，生活幸福！”

古拉听了，若有所思：“如果人类不懂得保护水源，只知道求神拜佛，祈求老天爷保佑，恐怕不管用吧！”

“呵呵，那是以前了。现在啊，大多数人并不相信，祭祀已经变成一种民俗活动了。你看广场边，很多来玩的、看热闹的、做小买卖的吧？这就是庙会了。你看，还有些穿着时髦的人，一眼就可以看出是外地过来旅游的。”

古拉听到茶杯外的嘈杂戛然而止，随之响起一阵摇铃的声音和着一个人的吟唱。“嘘！”旁边的水滴做了个噤声的手势，“这就要开始了，这是祈雨的仪式，是整个祭祀典礼的一部分。人们认为只要献上祭品，龙王来年就能按照农事节气准时降雨。”

大家一齐看过去，依稀看见一个奇装异服的人在跳着奇怪的舞蹈。他将一截柳枝插到一个高窄瓶里，沾了清水洒向天空，再落

**活　动**

你还知道其他与水有关的节日吗？这些节日是怎么来的？在这些节日中会开展哪些有趣的活动？搜集整理一下这方面的知识，讲给别人听。

到地面，整个求雨的过程经过了差不多半个多小时。摇铃的声音停了下来，周围的村民立刻响起一片欢呼声。

大家开始围成圆圈跳起舞来，飞舞着，旋转着。“庆祝开始咯！”小水滴开心地欢呼着。人群中不断能看见有飞舞的衣角，还能听见一阵阵的欢呼声。“他们这是在干什么啊？”古拉好奇地问：“这是大家对祭祀成功的庆祝啊！”“哦，这是这里的风俗习惯吗？他们还有哪些风俗习惯呢？”“这我就不楚了，但是这里每年都有这样的庆祝呢！”

这时候自然之光出现了：“水对于人类

### 依山傍水

古人以崇尚自然、珍惜自然、合理利用自然的态度择宜居之地。古人认为，人们生存的地方只要周围有水，便能止气、聚气、生气。水还能聚财、生财。财气旺就意喻人才兴旺。

中国古村落中要有溪水流过，水来之地为上水口，也称为天门，水去之地为下水口，也称为地户。古人讲求“天开地闭”，天门宜开阔通畅，地户周密则财不外泄。村中的方形水塘叫斗，是水脉汇聚的地方，也往往是村民日常活动最密集的场所。

↑依山傍水而居（永定）

↑方塘（宏村）

↑村中水渠（丽江）

### 活动

安徽宏村是一座经过严谨规划的古村落，村内外人工水系的规划设计相当精致巧妙，专家评价宏村是“研究中国古代水利史的活教材”。请收集相关资料，绘制一张宏村水系图，并给别人讲解其中的科学道理。

来说非常神圣，很多民族都崇拜水，都有跟水有关的节日，很多国家的宗教里都有和水有关的仪式，通过这些仪式表达人类对水的膜拜，也是对身体对心灵的洗礼，更是对未来一年的期盼，希望风调雨顺，与水和谐相处。

“中国古村落大多背山面水而居，村中有溪水流过每家门口，合适的地方还挖掘池塘，既能蓄水引流，又能防范火灾。这个镇子就有这个特点，你们可以留意一下。”

自然之光接着说：“在长江下游的三角洲地带，水网密布，村落多依水而建。有的在河一侧，有的夹河而建。房屋相互毗邻，朝向多依河而定。河边有码头、河埠。各家门前都有一块已磨得发亮的青石埠。那里被称

## 人水相亲

中国江南的水资源较为丰富，小河从门前屋后轻轻流过，取水非常方便，直接用来饮用、洗涤。水又是中国南方民居特有的景致，水围绕着民居，民居因水有了灵气。水路又是运输的主动脉，人们走南闯北，漂洋过海开创新天地，建立新家园。

水乡纯真自然，生态原始、民风淳朴，水网交织、河道纵横，小村落沿河道自然分布，小桥流水，草荡潮音，风景如画一般。

江南的园林以得水为贵，选址大多靠近水系，园内运用池塘、沟渠、瀑布等水景和古树、花木、太湖奇石来创造素雅而富于野趣的意境。

←江南水乡（周庄）

↑苏州园林（拙政园）

## 活　动

“水草丛生、白鹭低飞、青蛙缠脚、游鱼翔底”这是怎样的一幅山水画卷，你能画出来吗？

为江南水乡。水乡人捕鱼捞虾，植桑养蚕，日出而作，日落而息，生活悠然自得。”

“中国古代有位哲人叫老子，是道教的创始人。老子说‘上善若水。水善利万物，而不争；处众人之所恶，故几于道。居善地，心善渊，与善仁，言善信，政善治，事善能，动善时。夫唯不争，故无尤。’这句话的意思是，最高境界的善行就像水的品性一样，恩泽遍及世间的所有事物而不争名利。如果世上的人都践行‘上善若水’，像水一样利万物而不争，人与人哪会有不和谐，人与自然哪会有不和谐，人与社会哪会有不和谐啊！”自然之光的语气变得有些严肃、庄重。

古拉和水滴们都沉默着，思考着。大家都变得安静了。

是啊，如果人与水、与自然能够和谐相处，那多好啊！

**上善若水**

水，看似柔顺无骨，却能气势如虹，波涌滔天，无坚不摧；看似无色无味，却能挥洒于茫茫绿野，让果树结出硕果累累，染大地于万紫千红；看似自处低下，却能蒸腾九霄，为虹成雪，为云化雨，滋润万物。

现代人对水性的概括为：刚、柔、坚、韧、容、浮、和、善、献、淫。刚：水射韧物，水滴石穿。柔：水汽相生，以柔克刚。坚：巍巍冰山，坚不可摧。韧：抽刀断水水更流。容：容万物于一身。浮：载舟浮桥，航运货物。和：无微不至，随物赋形。善：恩泽四方，滋养众生。献：蹈火灭灾，献身人类。淫：狂怒奔泻，恣意泛滥，必制约之。

亦柔亦刚↑→

活　动

水博大精深，既用宽阔温暖的胸膛包容人间万象，又用豪迈奔放的气概荡涤世间污浊。在中国的《辞海》里关于水的词条，仅首字为水的词语即达400多个，你能写出10个以水为首的成语吗？

# 9 流连（水的净化）

欢乐的庆祝很快就结束了，祭天仪式也落下了帷幕。老人拿起杯子往回走，把没喝完的茶水和茶叶，一起倒进了路边的一条水沟里。古拉顺着水沟向下流动。

水沟的尽头是一道铁质栅栏，后面连着一个黑黢黢的隧道。古拉看着隧道，心中充满了忐忑，非常不情愿地流进去了。

古拉听到一阵“吱吱”声，猛地一惊，看见身边一个黑黑的庞然大物一跳一跳的，吓了一跳，定睛一看，是一只湿漉漉的老鼠。老鼠好像也注意到了古拉，眼中闪过一丝好奇，伸出了爪子就向古拉抓去。古拉怕极了，一个劲地向前跑，老鼠一个劲地在后面追。黑黑的隧道好像没有尽头。古拉忍着水沟里难闻的气味，也顾不上身上沾满又黑又臭的泥垢，只管一个劲地向前跑。古拉不知道自己跑了多远，绕了多少障碍，已经晕头转向，分不清东南西北。

跑着跑着，眼前隐约出现一丝光亮。“那亮光处一定是出口！”心里这么一想，古拉像见到了救命稻草似的，立刻全身充满了力气，向亮光冲了过去。

终于到了，古拉想停下看个究竟，但跑得太快，一时没控制好脚步，一个踉跄，一头栽了下去。

古拉勉强站了起来，揉了揉眼睛才看清，自己跌进了一条河里，远处片片绿洲，芦苇在随风起伏，可是离自己越来越远。“哦，原来我又回到了长江，正在向下游流呢。”古拉这下放心了。

不知不觉几天过去了，前面的江边耸立着许多高楼大厦，江面横着一座大桥，好像是个大城市。突然，不远处的江面有一座柱状的框架，出现一个大漩涡。古拉浑然不觉，一路下来，这类漩涡见得多了。只要是江底有岩石错落或有坑洼地势，江水流过，都会形成漩涡。可古拉没想到，自己被漩涡吸入后，就像被吸入阿海水电站的泄洪通道一样，先穿过一片网状的金属栅栏，然后进入一个管道，眼前一片漆黑，感觉管道越来越压得慌，耳畔还传来轰隆隆的声音。

古拉心里有点惊慌，可已经由不得他了。他经过一个像水轮机一样带叶轮的飞转的地方，接着往前流，好像是在一个长长管道里，又好像是在往高处流。好长一段时间，前面出现了一片光亮，渐渐越来越亮。终于，古

**自来水与自来水厂**

自来水是指通过自来水处理厂净化、消毒后生产出来的符合相应标准的供人们生活、生产使用的水。因为打开龙头水就会自动流出来，所以叫自来水。自来水厂汲取江河湖泊及地下水、地表水，按照《生活饮用水卫生标准》，经过沉淀、消毒、过滤等工艺流程的处理，得到干净卫生的生产、生活用水，最后通过配水泵站和供水管道输送到用户。

↓某自来水厂设计效果图

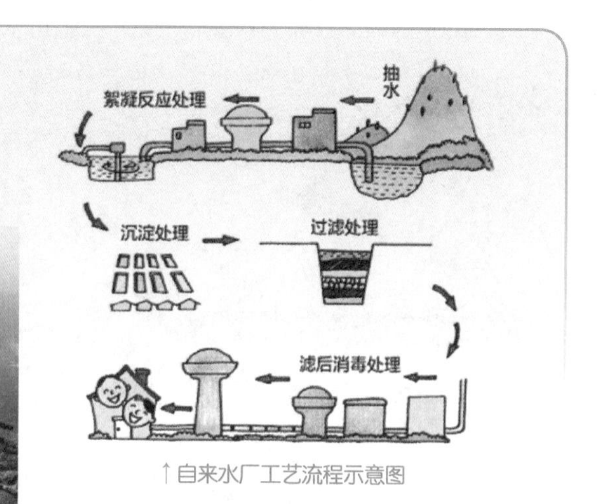


↑自来水厂工艺流程示意图

拉从管道口流出来，进入一个方形水池里。他看见周围到处都是大大小小的水池和机器。

“这是什么地方？”古拉惊恐地大声喊起来。“这是自来水厂！”自然之光又出现了。“我怎么会来这里，我到这里来干什么？”“你刚刚被水厂的机器从取水口吸到了这里，你在这里会变成干净的自来水，供人类使用。”

“我觉得自己很干净啊！”古拉觉得疑惑了。

“孩子，对于自然界而言，你已经是一滴很干净的水，可以用于浇灌农田，滋养植物，但如果想进入人类的生活，洗衣、做饭，甚至饮用，还需要进一步的净化，最直接的办法，就是去自来水厂，接受净化处理。”

听了自然之光的介绍，古拉憧憬着即将发生的变化。

正说着，古拉看到池壁有几个管道正喷出白色的液体，在水流冲击下很快和水混合在一起，水中很快出现了像棉絮状的东西，并越来越大。这时，古拉随水流进入了另一池子。这个池子比前面的池子大了很多很多，水流扩散

**活　动**

**自制过滤器**

**器材：**棉布（或纱布）、棉（或海绵）、细沙、粗沙、木炭粉

**制作：**用一个较大的饮料瓶，把底部去掉，倒置过来，依次放入：3层棉布、1层棉花、1层膨松棉、1层木炭粉、1层棉布、1层细沙、1层棉布、1层粗砂、1层棉布。

**提示：**如果没有带导管的单孔塞，可以在瓶盖上打几个小孔替代带导管的单孔塞。

**检验：**将泥水倒入过滤器，查看下端瓶口流出的水质。

**反思：**1. 可以采取什么方法提高过滤效果？2. 尝试自制多级过滤器。

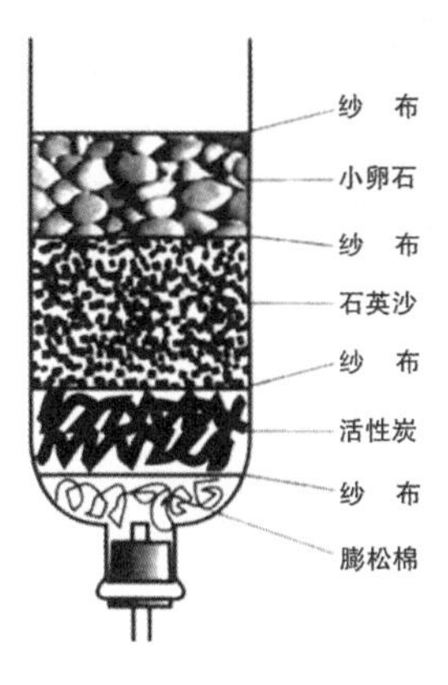


↑自制过滤器示意图

开来，慢慢静下来了。原先出现的棉絮状的东西慢慢地沉到池底。过了很久很久，古拉又流到另一个管道，管道里灌满了沙子还有别的东西，一段黄一段黑一段白的，听说这是过滤器。

通过这个管道，古拉惊奇地发现自己变得透明了，更干净了，再看看周围的小伙伴也和他一样透明、光亮了。“为什么我们进一个池子就会变得干净一些呢？”“是呀，那管道里喷出的无色液体是什么？”古拉和小伙

### 城市给水管网

城市给水管网指给水工程中向用户输水和配水的管道系统，由管道、配件和附属设施组成。附属设施有调节构筑物（水池、水塔或水柱）和给水泵站等。常用的给水管材料有铸铁管、钢管和预应力混凝土管，小口径可用白铁管和PPR塑料管。

↑铺设供水干管

给水管网又分干管、支管和用户支管。管网中同时起输水和配水作用的叫干管。从干管分出向用户供水的管道起配水作用，称支管。从干管或支管接通用户的称用户支管，管上常设水表以记录用户用水量。消火栓一般接在支管上，便于消防车取水。

给水管网中适当部位设有闸阀，用于控制供水范围，便于管段发生故障时进行检修。

↑消防栓

↑防腐钢管（用于干管）

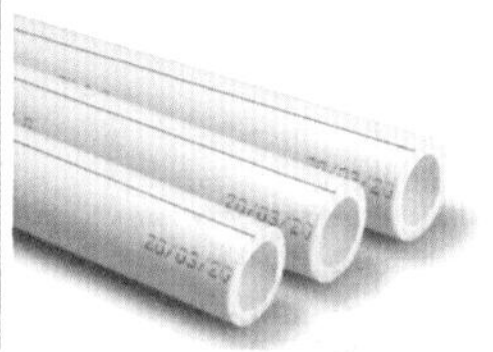
↑输水PPR管（用于支管）

**供水设施**

观察你所在的学校或小区，有哪些供水设施和消防设施。拍照并标注其功能和特点。

伴一路都在议论，不知不觉走过了很多个池子，感觉到身体轻松极了。

这时，又来到一个水池。远处走过来了两个‘全副武装’的工作人员——他们扭开了池边一个钢瓶上的开关。钢瓶上拉出一根管子接到了水底，顿时一股气体冲向古拉和小伙伴们，感觉很舒服。古拉听到两个人正在交谈。

“前辈，今天您带我来这个车间干什么呀？”

“你刚到厂里，还不知道这个生产环节的重要性，我们手上可掌握着全城人的安全用水啊。我们刚才往水里加氯气，就是为了消灭水

### 直供水与二次供水

直供水是自来水厂直接通过管网输送给用户的自来水。自来水从水厂出来后有一定压力，一般是楼层在8层以下的楼宇或工厂可以用直供水。

二次供水是指将直供水经储存、加压后再输送给用户的自来水。城市管网供水压力有限，一般楼层高于8层，都需要重新加压供水。

二次供水的主要形式：不设地下水池和不用水泵加压的形式，如屋顶水箱、水塔；设地下水池和水泵加压的二次供水，如加压后经屋顶水箱、气压瞄、变频调速水泵的形式；在管道上直接加压的形式。

由于要重新储存、加压，相比直供水，二次供水的水质易被二次污染。

↑二次供水储水设备（水塔）

↑二次供水加压设备

## 活 动

**供水方式**

你所居住的小区或学校采用哪种供水方式？如果是二次供水，是哪种形式？采用了什么办法防止水质被二次污染？

中的致病细菌。这可是最重要的步骤呢。”

“哦！原来我们的工作这么重要啊。”

“是啊，我们掌握着全城人的用水，也就掌握着全城人的饮水安全啊。”

很快，古拉又流入一个井中，又听到了熟悉的嗡嗡声。他知道这是水泵，正在抽水。他想，不知道会把我抽到哪里去。

古拉和伙伴们离开了自来水厂，顺着城市供水管网一路狂奔，各自奔向工厂、医院、学校、家庭……

古拉在封闭的管子里一会儿左，一会儿右，一会儿上，一会儿下，流了半天，在一个地方停了下来，又感觉有一股力量吸着自己不断向上，他不断向上再向上，

## 硬水和软水

水中一般含有可溶性钙镁化合物，其含量称为水的硬度。含量高的叫硬水，含量低或不含的叫软水。硬水不会对健康造成直接危害，但是会给生活带来许多麻烦，比如用水器具上结水垢、肥皂和清洁剂的洗涤效率减低等。工业上硬水容易造成锅炉锅垢，妨碍传热，严重时还会导致锅炉爆炸。

一般来说，地下水如井水、泉水的硬度较大，地面上如河水、湖水的硬度较小。不同地方的自来水的硬度也不同。硬水可以使用软水剂处理降低硬度。煮沸的方式也可以部分软化硬水。一般用软水机来降低自来水的硬度。

硬水（变浑浊，结满皂垢）软水（澄清透明，泡沫丰富）

↑硬水和软水中滴入皂液的不同现象

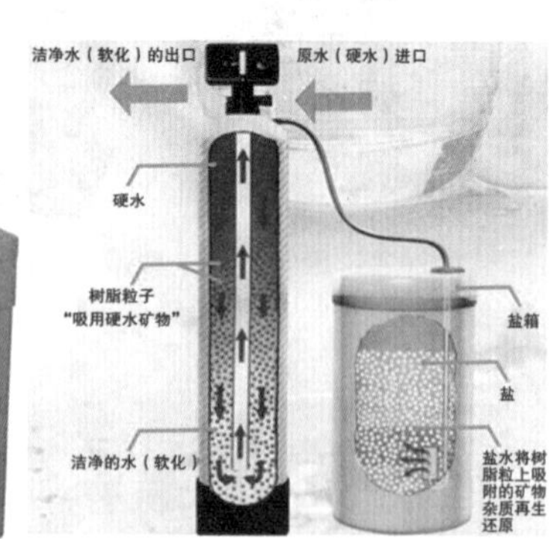


↑工业用软水机及硬水软化流程图

忽的一下，他和伙伴们涌进了一个池子里。

“这是哪儿呀？我们是回到了自来水厂吗？”古拉一边打量着周围，一边嘟囔着。

“这里是水箱，你现在已经是在一百多米的高空了。”身边的一位“原住民”不紧不慢地向这位新邻居解释着。

“为什么？”古拉听了更糊涂了。

“因为这些楼太高了，不得不用二次供水的方式把我们送进这样的水箱，然后再流入这些高楼里的住户家里。”

古拉和伙伴们仰躺在水面上，忽然停下的脚步，让大家不是很习惯，白天的经历带来的兴奋还不能平息，你一言我一语，说着一路上的故事；七嘴八舌，猜测着伙伴们现在都在哪里，说着说着，声音越来越少，声音越来越小……终于，大家都睡着了，水箱恢复了宁静。

古拉正睡得舒服，突然，他感到有一股强大的力量在拽着他往下走，力量很猛，速度飞快。迷迷糊糊中，古拉感到自己被吸进了一根粗管子里，水管口上方有一块铁质牌子，四个红色的大字“家庭用水”特别显眼。

古拉在阴冷黑暗的管子里被飞速推动着。

“我这是又要被送到哪里？”古拉一头雾水。咦？不知什么时候，粗管子变成了细管子，管子材质已发生了改变，从金属变成了塑料，水流的速度也在渐渐变缓。经过一节中央有个小叶轮的特殊管子后，古拉流进了一个特殊装置，好像自来水厂

**活　动**

**比较水的硬度**

1. 取等量的河水、湖水、井水、自来水、矿泉水、纯净水等，装入透明的玻璃杯。

2. 将适量洗衣粉用水溶解，静置较长时间后，将上层透明液体取等量分别倒入各个玻璃杯。

3. 搅拌，观察不同玻璃杯的浑浊程度。越浑浊说明水的硬度越高。

4. 将各种水按照硬度高低记录下来。

的过滤器，而且有好多个，只不过小了很多。然后，古拉流进了一个金属水壶。

终于重见天日，古拉大叫起来："自然之光，你能告诉我刚才经过的是什么设备吗？我感觉又干净了许多。"

"那是家用净水机，你现在是一滴纯净水啦。自从你诞生后，现在是你最干净的时候，可以供人直接饮用。"

古拉一听不禁上上下下里里外外打量自己，脸上笑开了花："哈哈，我是一滴纯净水！"

## 家用净水机工作原理

家用净水机是家庭对自来水进行深度净化的设备，主要是除掉水中的可见的污染物，(例如铁锈、胶体物质)，异味和异臭、余氯和一些消毒副产物、有机污染物、重金属、矿物质元素等。

家用净水机的功能分为五级：

第一级PP纤维芯：去除水中肉眼可见杂质，包括泥沙、红虫、铁锈等；第二级颗粒活性炭滤芯：强力吸附有机物和异色、异味如农药、氯气等；第三级精密活性炭滤芯：进一步滤除细微颗粒、有机物及异味；第四级逆渗透膜：膜分离技术，将水中所有病毒、细菌、重金属等彻底去除，得到纯净水；第五级后置抑菌活性炭：吸附异味，调节口感，利于人体吸收。根据水质情况和饮用要求可以选择级别不同的净水器。

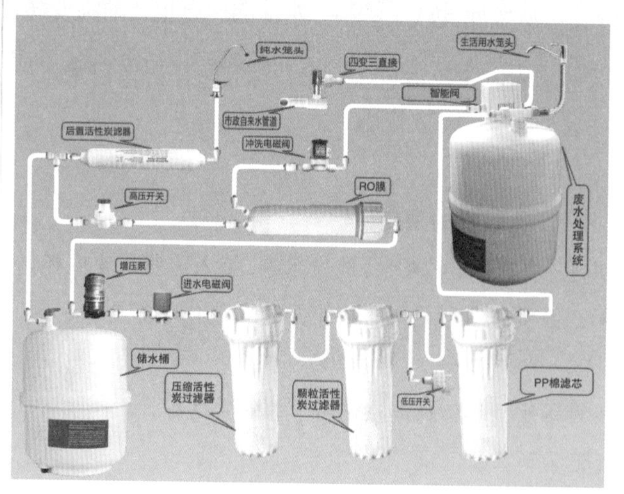


←五级净水机净水流程图

### 活　动

调研某一品牌的各种家庭净水设备，对比功能的不同。

思考：家庭如何选用净水器？要考虑哪些因素？

# 10 自觉（节约用水）

水壶很快就满了，眼看就要溢出来了。

一个十岁左右的男孩走过来，伸手在古拉头顶上的一个铁家伙上一拧，水流立刻戛然而止，然后把水壶放到一个底座上。

“这是什么东西啊？好神奇啊！”古拉悄悄地问。“这东西叫水龙头，上面有个阀门，阀门一开，你们就被放出来了，阀门一关，水就停在水管里了，只有等到再次打开阀门才能放水出来。”自然之光耐心地解释着。

古拉听得频频点头：“这小小的阀门还真管用啊！”两人正说话间，古拉又发现了奇怪的情况，叫了起来：“诶，怎么还有水往下滴啊？”

“妈妈，快来看呐，我们家的龙头关不紧，滴水了！”那个小男孩忽然大声喊了起来。

只见一个穿着花裙子的女人走了过来，用力拧了拧，水龙头里还是滴答滴答地往下滴着水。“这龙头老掉牙了，本来就不节水，我早就想把它换了。幸好我早有准备！”女人回头对着卧室喊道：“他爸，在储藏间的工具箱里把新买的节水龙头拿来换上。”

随后，一个手里拿着报纸的男人从卧室出来，走进另一个小房间，很快拿着个亮闪闪的家伙过来了。他一边观察着那个滴水的龙头，一边对母子俩说：“大惊小怪的，我以为怎么漏水了，是滴水呀！这也值得换个水龙头？这节水龙头可贵得很呢！”

女人毫不示弱：“水费不也照样贵吗？上个月家里水费比前一个月多交了十几块呢！”

### 水表和水费

水表是测量水流量的仪表，生活常见的有机械水表和智能IC卡水表。机械式水表中有一个运动元件（有点像水轮），由水流速度获得动力带动计数器。智能IC卡水表运用了微电子技术、传感技术和智能IC卡技术，可以实现计量、数据传递和结算。

通常说的水费由自来水费、水资源费、污水处理费三部分构成，按居民生活用水、行政事业用水、工业生产用水、经营服务用水、特殊行业用水五大类执行不同的收费标准，不同省市有些差异。自来水费、污水处理费用于支付自来水厂、污水处理厂的运行成本，水资源费是用经济手段促进节约用水。为了进一步促进节约用水，很多城市执行阶梯水价。

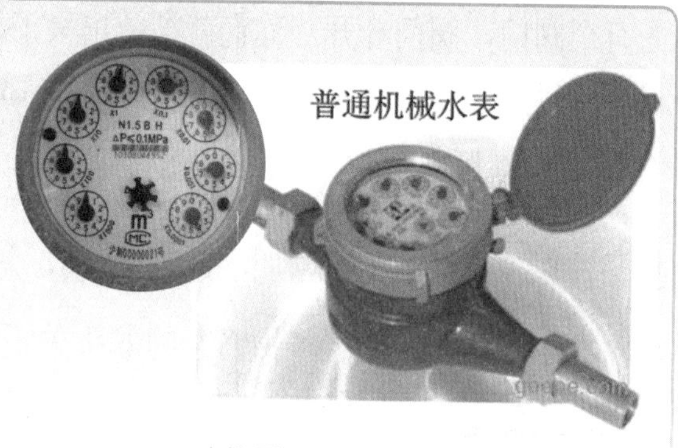


↑普通机械水表

↑智能IC卡水表

### 活　动

某城市将居民的生活用水阶梯水价收费标准：用水15吨以内为0.6元/吨，15～20吨为1.4元/吨，20吨以上为2.1元/吨。若一户居民本月用水为28吨，应付水费多少元？

向爸爸请教，查看本月自己家的水表，并帮家长缴纳本月的水费。

“啊！这水是要钱的呀！大自然里的水有的是啊？！”古拉觉得不能理解。

“当然了！自来水厂生产自来水是要成本的。”自然之光启发古拉回忆着，“你记得吗？你之前去过的工厂，那里有很多工人，很多机器。他们把自然界的水变成很干净的自来水需要人工费、材料费、电费，还有很多其他的费用。”古拉听得一知半解，想想之前的经历，觉得也有点道理，不由得点了点头。

自然之光接着说道：“由于各地的水资源占有情况不相同，自来水的收费标准也各不相同。南方水源丰沛，自来水费相对较低；西部和北部水源稀少，甚至需要从其他地方长途调水，大大增加了生产成本，自来水费自然也比其他地区贵出很多。用过的污水处理成本也很

## 各种各样的水龙头

水龙头是水阀的俗称，用来控制水管出水开关和水流量的大小。最早的水龙头出现在16世纪，是青铜浇筑的，后来又有铸铁、黄铜、不锈钢、塑料、高分子复合材料等，原来螺旋升降式也变为陶瓷阀芯、不锈钢阀芯、橡胶阀芯，品种丰富多样。水龙头的材质、功能、造型已成为消费者选购的主要考虑因素。

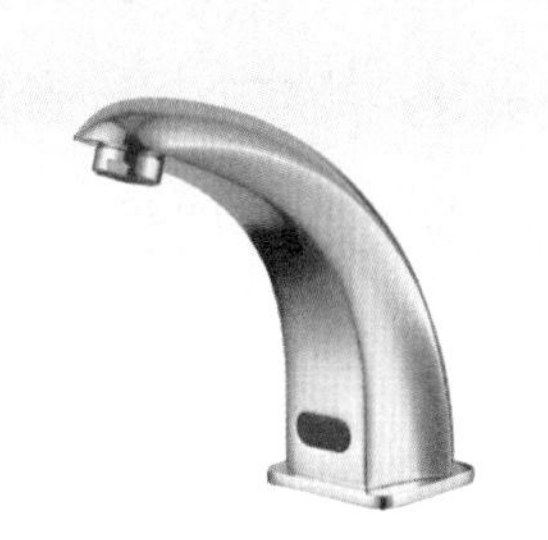

↑红外线自动水龙头

↑螺旋升降式水龙头

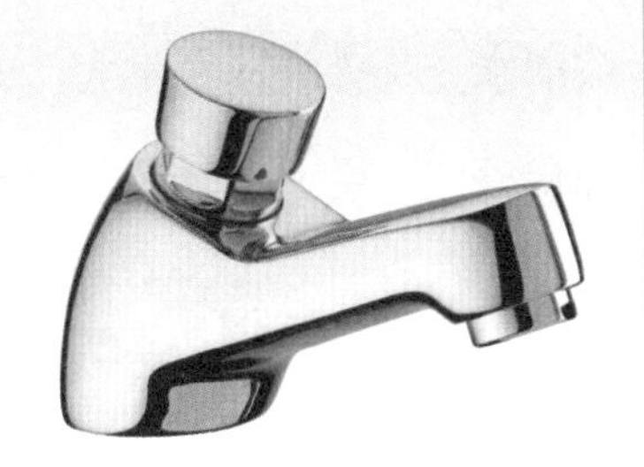

↑延时自动关闭式水龙头

**活　动**

**对比水龙头的优缺点**

查找资料，了解上图三种水龙头的工作原理，从节水角度对比分析三者的优缺点。

| 龙头种类 | 原理 | 优点 | 缺点 |
| --- | --- | --- | --- |
| 螺旋升降式 | | | |
| 红外线自动式 | | | |
| 延时自动关闭式 | | | |

高，同样需要人力、物力。所以收取一定的费用才能保证自来水的质量啊！这样也好督促人们不要浪费水资源。你刚才流进来时不是经过一段带叶轮的管子吗？那个叫水表，水费就是按照水表的计数来收取的。”

“爸爸，你不要小看这一滴水。我们老师说了，一个没有拧紧的水龙头每天会白白流掉 12 千克水。照这样计算，一年 365 天要流掉多少千克水？如果全国每个家庭都有一个滴水的龙头，又要白白流走多少水啊！如果再加上工厂、学校，还不知要浪费多少水呢。”孩子意犹未尽，还要给爸爸算下去，爸爸已经举手投降了：“儿子，小祖宗，我换还不行吗！你先在水表旁边帮我把总阀给关了！”

“好嘞！”儿子关好总水阀，爸爸拿出工具开始换水龙头，古拉一抬眼就能看到水池里的一切，趁机观察起这个节水龙头来。只见这龙头除了顶上的一个小小横把手变成了一个扁扁的“鸭嘴巴”，其余看不出有什么不同啊！

那个孩子好像和古拉想到了一起，问妈妈：“妈妈，妈妈！我看这个水龙头没什么特别呀，怎么就能减少水的浪费呢？”“傻孩子，节水龙头和一般的水龙头外表区别不大，但是它的陶瓷内圈密闭性更好，能减少水流滴漏，加快开水、关水的速度，龙头出口还装有起泡器，能够防止水花四溅，因此

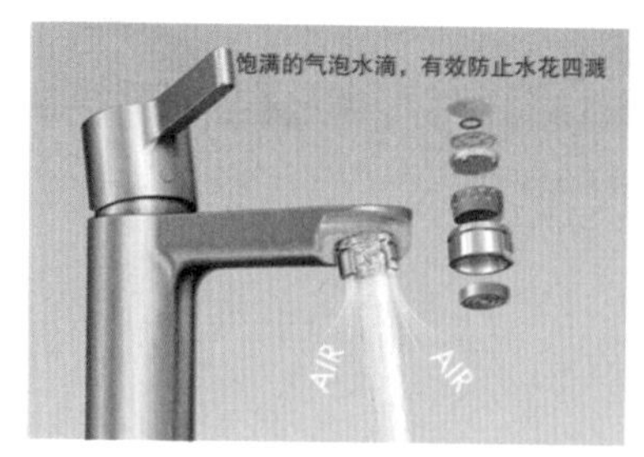

↑起泡器龙头节水原理

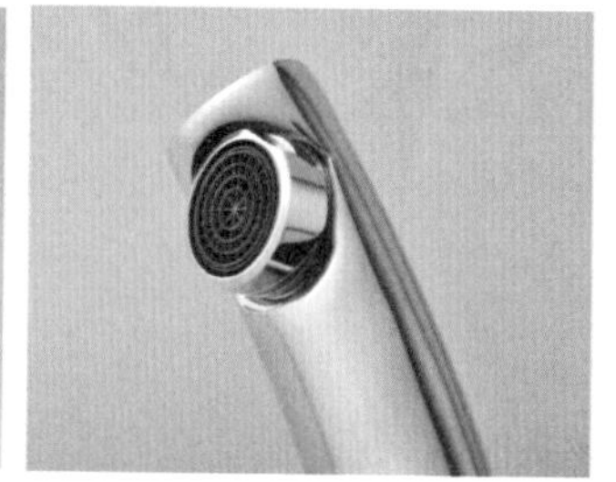
↑装有起泡器的龙头

有节水功能。”

妈妈接着说：“节水水龙头还有很多种。我见过一种感应式水龙头，手

靠近就会自动打开，手离开就会自动关上。倘若要进一步节水，还可选用其他一些特种水龙头，如延时水龙头、忘关自闭节水龙头等，这类水龙头价格相对也要高出一般水龙头，不过和节约的水量比起来，还是值得的。”

“原来是这样啊，你懂得还不少嘛。”爸爸在一边插嘴道。妈妈立刻回答:“那当然了，你不知道我国是贫水国，现在水资源匮乏得很吗？我国有很多地方的人都喝不上干净水呢！”

水龙头换好了，水壶里的水也烧开了。小男孩将开水倒进水杯里，顺手放在桌子上晾着。古拉也和伙伴们一起被倒进了水杯里。

**水都用在哪里了**

刷牙：不间断放水 30 秒约耗费 6 升，用杯子接水 3 杯只有约 0.6 升水。洗脸、洗手：不间断放水 1 分钟约 12 升。厨房：不间断放水洗菜、洗碗等，5 分钟约 60 升。洗浴：不间断放水淋浴 10 分钟约 120 升，盆浴用水甚至有 180 ~ 270 升之多。洗衣：双缸洗衣机每次约 165 ~ 225 升，全自动洗衣机每次约 110 ~ 120 升。厕所：旧式马桶每次 9 升以上，节水型马桶每次 6 升以下。洗车：水管冲洗 20 分钟约 240 升，而用水桶盛水洗车约 30 升，可用高压水枪冲洗 10 分钟。饮用：每人每天约 2 升。

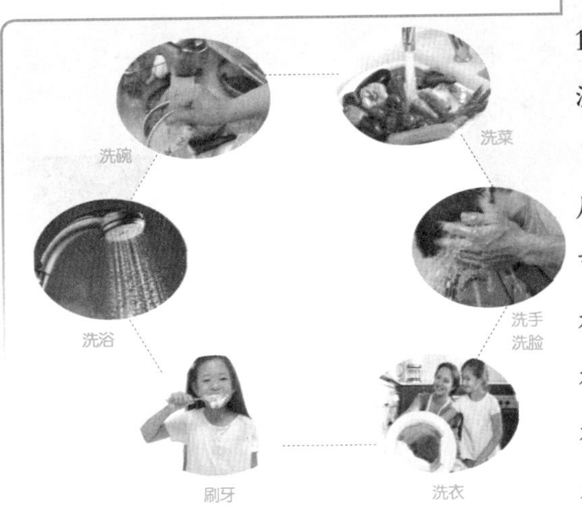


## 活　动

观察你的家庭成员用水情况，按下表样式绘制一张表，参考上面的数据填写。思考，可以通过什么办家节约用水？

| 家庭用水项目 | 放水时间（秒） | 放水方式（连续 / 间断） | 放水量（大 / 小） | 有无节约空间 | 可否二次利用 |
|---|---|---|---|---|---|
| | | | | | |
| | | | | | |

这时妈妈洗好了菜，小男孩立刻将洗菜的水倒在喷水壶里，到阳台上浇花。

“儿子，不错呀！知道把水二次利用了！”听到妈妈的夸奖，孩子骄傲地说：“妈，这是我们在学校学到的。我们洗过衣服的水可以用来洗拖把、冲厕所，洗过菜的水可以浇花、拖地，这样能很大程度地减少水的浪费呢。”

爸爸不以为然地说：“世界上的水那么多，你这一次也就省了半盆的水。

## 生产生活中的节水方式

城市工业用水约占城市总用水量的60%，主要包括锅炉用水、工艺用水、清洗用水和冷却用水等。现在很多工厂已经进行循环用水改造和污水排放前处理。

灌溉用水在人类用水中所占比重很大，大致在70%（发达国家）至90%（发展中国家）之间，但利用率只有50%左右。现在传统的漫灌方式已多改为喷灌、微喷灌、滴灌、渗灌等更高效的方式。

城市节水的重要手段有雨水收集系统、楼宇空调冷却水循环系统、城市绿化使用二次水等。雨水收集系统主要是把屋顶雨水、地面雨水通过一定管道，流经过滤系统，进入蓄水系统，经过净化后使用。

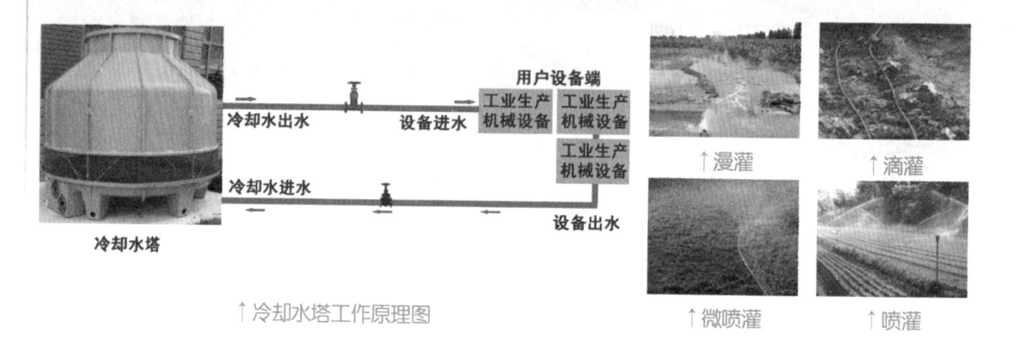

↑冷却水塔工作原理图

↑漫灌 ↑滴灌 ↑微喷灌 ↑喷灌


←城市两水收集系统示意图

你看看大海，那里的水能盛满多少盆啊，这点水根本不算什么。”

“不对！”小男孩听了爸爸的话急得跳了起来，生气地极力反驳：“我们老师说了，虽然世界上的水资源很多，但是人类可直接利用的淡水只有3%左右，里面还包括冰山和地下水，还有被污染的河水，我们真正能用的水少之又少。”

“就算是这样，我们这儿的水多的是，不需要那么认真啦。你看我们这里用水从来没受到过限制，水龙头一开就来了，用不完的。”爸爸继续说道。

“现在工业生产在改造设备、改良工艺，农业在创新灌溉方式，城市也在想办法治理污水，使用中水，还想办法收集雨水。大家都在节约用水，我们怎么还能浪费呢？每个人都节约一点，不就多了吗，现在我们用水是没受限制，如果再浪费下去，总有一天会没水用！”儿子的脸已经涨红了，眼泪几乎要留下来。

看到儿子如此模样，爸爸一把把儿子抱了过来，放在腿上，抚摸着小男孩的头发，夸奖道：“好儿子，说得有道理啊！看来你在学校学到不少东西啊！听你的！我们家要开始全力节水喽。你就做我们家的节水小卫士吧！”

**制作渗灌器**

**材料：**废弃的塑料瓶、塑料管、棉布

**做法：**1.在塑料瓶口钻一个孔，刚好能穿过塑料管，用胶水封住缝隙，以防漏水。塑料瓶底剪一个口子，便于灌水。

2.在塑料管上每隔10cm开一个小孔，再用棉布卷堵上，但不要把管径堵住。

3.盖上瓶盖，把塑料瓶灌满水，倒挂起来。可以看到塑料管充满水，棉布湿润了。

4.把塑料管埋入植物根部，即可进行渗灌。

**思考：**1.你还有其他的制作方案吗？

2.如何控制渗灌的速度？要做哪些改进？

“嗯！爸爸真好！”小男孩开心极了。

忽然卫生间传来“哗！”的一声，和谐的气氛立刻被冲水的声音打破了。小男孩跑去了厕所，发现妈妈把刚洗完拖把的水直接倒进了下水道。

“妈妈，你怎么这样啊，这么多水怎么能就这样白白倒掉呢！”妈妈把手中的拖把放在了一边，半蹲着，摸着小男孩的头：“不好意思啦，妈妈这不是没想起来吗，妈妈保证，下回不会再犯同样的错误了！”

小男孩一本正经地说：“你知道吗？世界上有很多的水就是这样被浪费的，下回别再忘记了，啊！”小男孩一副小大人的模样。

妈妈笑着对小男孩敬了一个礼：“是，长官。”

一家人融在了欢声笑语里，古拉也笑了。

**家庭节水方式**

节约一是指杜绝浪费，二是指提高使用效率。一般家庭只要养成良好习惯，就能节水70%左右。常见浪费水的行为有很多，比如：用抽水马桶冲掉烟头和碎细废物；为了接一盆热水白白放掉许多凉水；先洗土豆、胡萝卜后削皮；洗手、洗脸、刷牙时，让水一直流着；设备漏水不及时修好，等等。

稍微注意一点就可以节约用水：洗脸水用后可以洗脚；淘米水、煮过面条的水，用来洗碗筷，去油又节水；养鱼的水浇花，能促进花木生长，等等。家中可以预备一个大桶，把洗脸洗脚、洗衣服的水都收集起来，能保证冲厕所的所需水量。

## 活　动

1．请收集或自己创造一些家庭节水的妙招或小窍门，和同学们交流，并在家里推广。比如，用什么方式洗碗，既能省水还能洗得更干净。

2．右图是国家节水标志。为了宣传节约用水，每年世界水日都会制作宣传海报。你也设计一张节水宣传海报，在家里或学校宣传节约用水吧。

↑国家节水标志

# 11 迷茫（身体中的水）

过了一会儿，小男孩拿起桌上的水杯，喝了几口，想起刚刚阳台上的花还没浇好水，一边端着杯子喝着水，一边走到阳台，替爸爸给刚养的仙人掌浇了一点点水。

“开饭啦！”屋里传来妈妈的呼唤。“来了，来了！”孩子答应着，将喷壶和水杯顺手放在了花盆旁。

古拉在水杯里等了很久也没见小男孩回来。空气里有些东西不断落在杯中的水面上，渐渐地往水里钻。古拉从来没注意过这些小东西，心想：这是什么啊？小小的，却能往每个水滴里钻，想摆脱都摆脱不了！这种小东西越来越多，古拉觉得又痒又痛：“好难受啊？这是什么啊？”古拉想把这些小东西扯下去，却怎么也扯不干净，刚扯下去一点就又黏上不少。自然之光解释着：“这是空气里的灰尘，不过灰尘上沾着一些细菌。这些细菌肉眼看不见，非常微小。你是由很微小的水分子组成的，可是这些细菌比你的水分子还小。它们在潮湿的环境中能快速繁殖，你正好是它们繁殖的温床，所以拼命往你身体里钻。这些细菌里有很多是致病菌，

能对人类的健康形成威胁。当然，只要人不喝被这些细菌、病菌污染的水也就没事。”自然之光安抚着古拉。

太阳和月亮不断地交替，升起又落下，已经过去了好几天。

杯子里的其他小水滴都开始惴惴不安起来，有的开始小声嘀咕，有的忍不住开始质疑，古拉慌张地问：“人类喝的水里是不是都有细菌啊，那他们岂不是很危险。”“哈哈，很多年前人类就发现只要把水烧开就能

## 水分子

水是由一个个肉眼看不见的微小的分子组成的。每一个水分子都由两个氢原子和一个氧原子构成，在化学上用 $H_2O$ 表示，它们的直径只有一根头发丝直径的百万分之一。水分子之间独特的氢键结构，使水分子能互相吸引，这也是水有表面张力的原因，但这个吸引力不是很强，因此水的流动性很强。水分子对其他物质的分子或离子也有吸引力，所以水能溶解很多物质，是非常重要的溶剂，为生命的存在提供了基本条件。

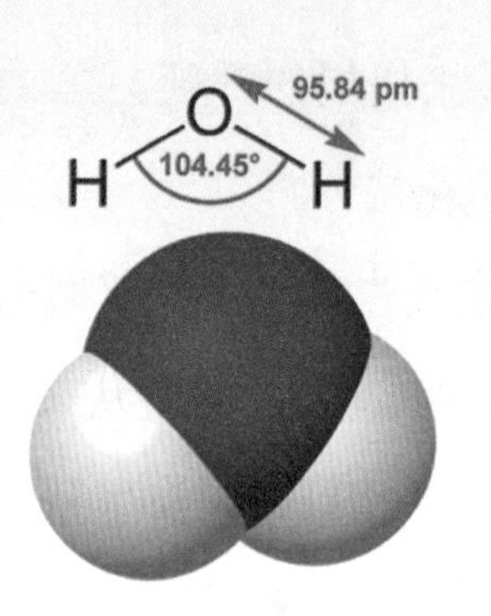

↑水分子模型图

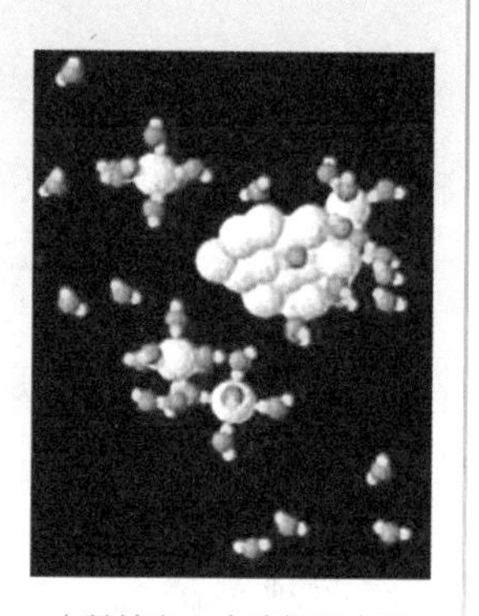
↑蔗糖在水中溶解示意图

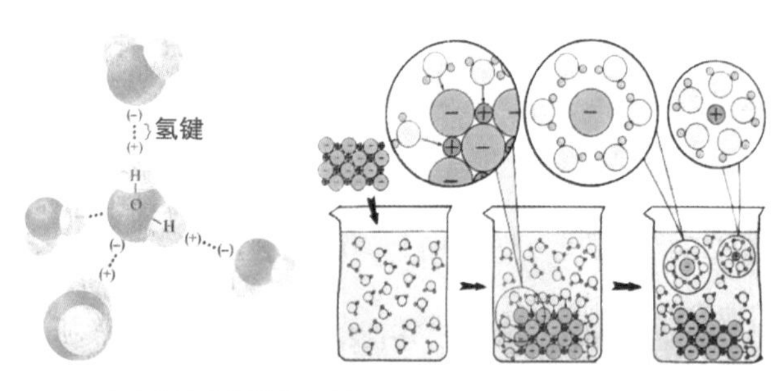

↑水分子之间的氢键模型　↑食盐在水中溶解示意图

将红糖放在0℃、40℃、60℃、100℃四种不同温度的水中，观察哪种水中的红糖溶化得更快，说说水温对于红糖溶解速度的影响。

杀死水里的细菌，就不会受细菌危害了。”古拉感慨着：“人类真是一种有趣又聪明的生物啊。”

又过了几天，古拉听到爸爸对小男孩说：“儿子，你有一周没帮爸爸给仙人掌浇水了吧？”

“来啦！”小男孩开心地跑到阳台，发现了杯子里剩下的水，自言自语:“就拿这水吧！可别浪费了！”就倒了点水进花盆里。

“仙人掌水不能浇多，会烂根的！”

“知道啦！”听了爸爸的话，孩子赶紧停了下来，“那剩下的水怎么办呢？”男孩想着要节约用水，把杯子

## 人体的含水量及来源

水是构成人体的极重要的物质。成年人体内的水大约占体重的60%，一般来说，成年男性一天身体的需水量比成年女性多，年轻人比老年人所需的多。

人体的所有组织都含有水，如血液含水97%、肌肉72%、脂肪20%～35%、骨骼25%，就连坚硬的牙齿也含10%的水分。

人体中水的来源，除液体饮料外，还来自固体食物中的水分和身体内代谢过程中产生的水。

如果一个人每天吃250克米饭、250克肉类和500克蔬菜水果，那么可从固体食物中得到600～700毫升水分。身体内代谢产生的水分不多，每天大约200～300毫升。呼吸、排汗、排便等都会流失身体中的水分。所以除吃饭外，每天要补充液体水分。

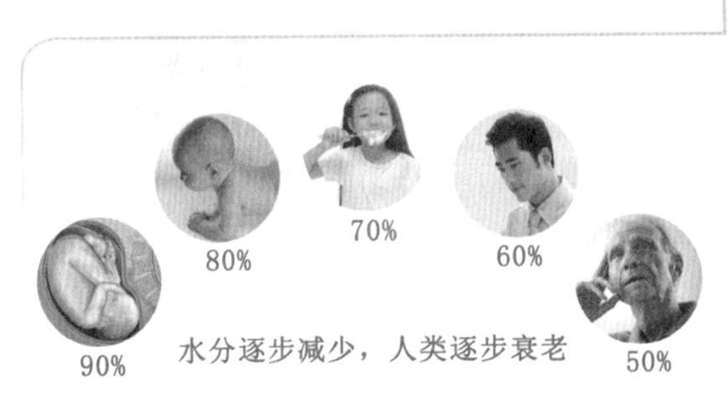


↑人在不同时期体内水分占比不同

你知道下列食物中，哪种食物的水分含量最高？

↑各种食物

里剩下的水一口气喝光了。

古拉“带”着细菌进入了小男孩的嘴里，在口腔里打了个转，“滑”过了喉咙，顺着食道落进入了小男孩的胃里，在胃的不断蠕动下，和一些绿色的浓稠液体搅和在一起，来回翻滚。古拉被折腾得头晕目眩，身上有一种火辣辣的灼烧感，过了一会，他又“顺流而下”进入了一个九曲十八弯的器官里。古拉发现小细菌们都开始离开古拉，向那些器官的

### 水在人体中的作用

水在人体内发挥重要作用，可以概括为六个方面。

调节体温：人体通过出汗蒸发水分的方式来调节体温，保持体温恒定。

维持代谢：通过水进出细胞，并参与细胞内的生理反应，来维持细胞的新陈代谢。

血液循环：血液中的血细胞、蛋白质、激素等，都要靠水的流动来输送。

营养运输：水是营养物质的载体，参与食物的消化和吸收，并通过水送到每个器官、每个细胞。

排泄垃圾：人体生理反应会产生有害物质，需要溶解在水中带到肾脏以尿的形式排出体外。

润滑作用：人体的关节、眼球、皮肤等都会产生以水为主要成分的润滑液，减少人体组织器官的磨损。

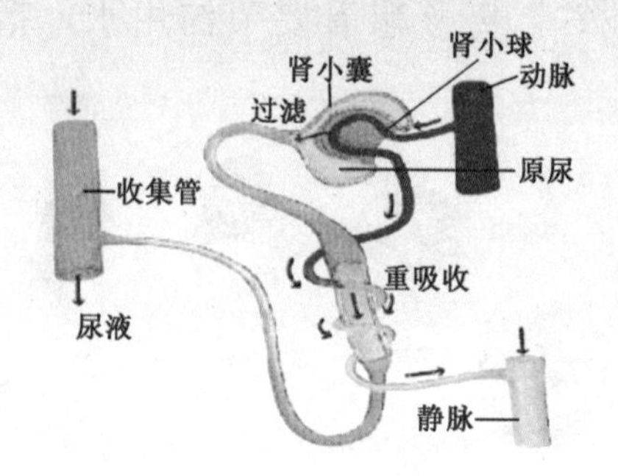


↑尿液形成过程示意图

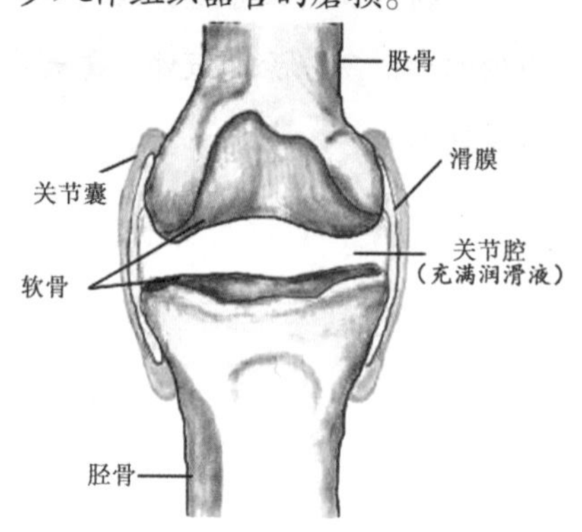


↑膝关节示意图

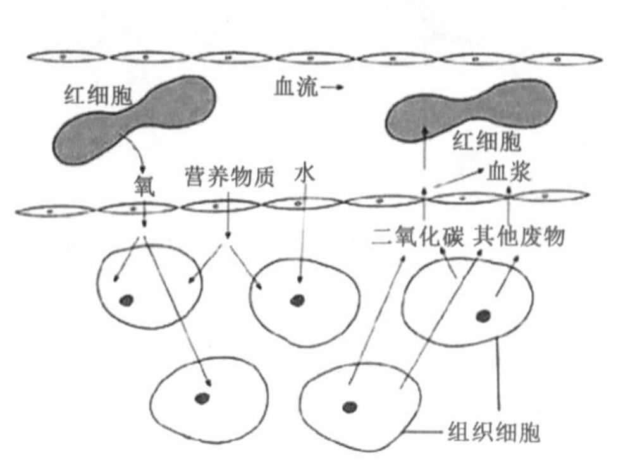


↑组织与血管物质交换示意图

表层游过去、钻进去。古拉想要拉住那些小细菌不让他们进入小男孩的身体里，可怎么也拉不住。

这时，古拉发现很多水滴也钻进了器官的表层，不禁疑惑起来。“自然之光，我这是在哪里？怎么这里的水越来越少了？”古拉想起了自然之光。

“你在男孩的小肠里。小肠是人体最主要的吸收器官。水被小肠吸收之后会进入血液，流到人体的各个器官，进入细胞。当水中溶解了人体产生的有害物质之后，又会到肾脏变成尿液排出体外。也有些水分会变成汗液排出体外。”

自然之光接着说：“因此，人每天都要补充水分。人体一旦缺水，皮肤会变得干燥，更容易疲倦，还容易患高血压、过敏、便秘等病症。长期饮水不足，容易导致眼干涩、肠胃功能紊乱、肾结石等病症。”

古拉好奇地问：“肾结石是什么病？”“肾结石就是肾脏长了石头。如果长期饮水少，形成的尿液少，尿液中的有害物质含量太高就会凝结成晶体石块，时间一长就会慢慢变大。如果尿液多，一是较难形成结石，二是有细小的结石也会被尿液带出来，排出体外。如果结石太大，堵塞肾脏或尿管，不但会损伤肾脏，还可能引起人的生命危险。”

“啊，好恐怖啊！”古拉不禁打了个冷战。看来，水对人体是太重要了。希望这个小男孩养成多喝水的好习惯。

古拉忽然听到男孩哼了起来，嘴里喊着：“妈妈，妈妈！我肚子疼，疼死我了！”妈妈听见喊声奔过来，看到孩子

**[看一看]**

我们身体里的有害物质会随汗液、尿液排出人体，如果排尿较少，颜色较深，说明你喝的水太少，尿中的毒素较高，就要多喝水了！

疼得脸色发白，大颗大颗的汗顺着脸颊直往下流，吓得大喊："他爸，不得了了，快打 120！"

很快，小男孩被送到了医院。医生观察了孩子的症状，仔细查看了孩子的化验报告，细心地向妈妈询问:"孩子的血项很高，是急性肠胃炎，是不是吃了不干净的东西啊？"

"不会啊，我和他爸，还有孩子一起在家吃的饭啊？是我自己做的，我们怎么没事呢？"一边说一边用疑惑的眼神看看儿子。

## 水在人体内的循环

当饮水和食物中的水在消化道（胃、小肠、大肠）被吸收进入血液后，血浆中的水分可随尿排出，也可进入组织间液储存起来。未被吸收的部分随粪便排出体外。

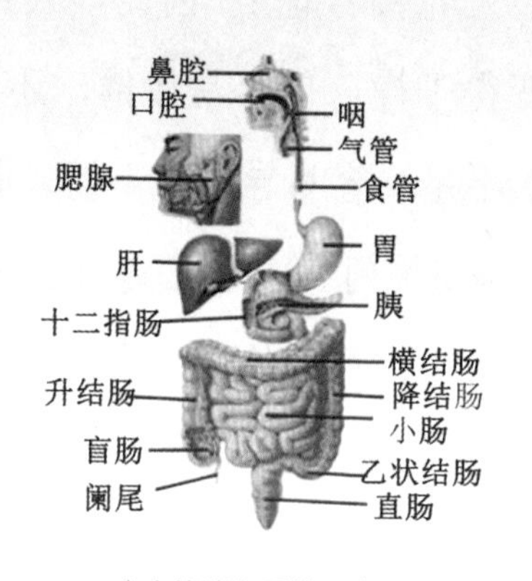


↑人体消化系统示意图

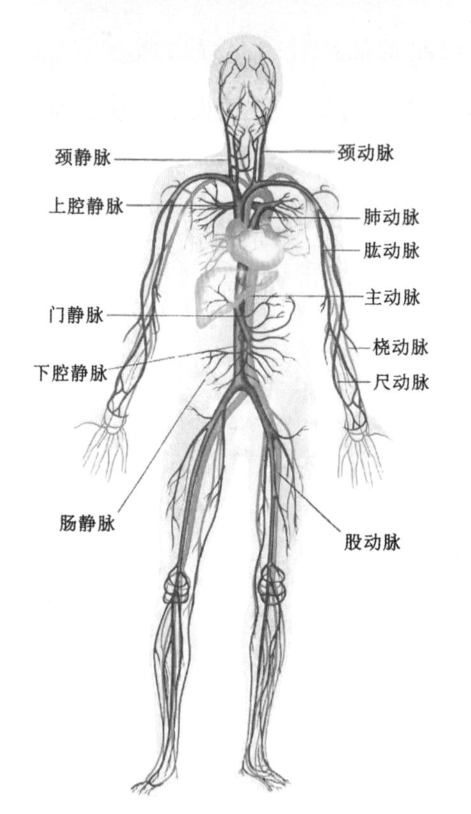


↑人体循环系统示意图

被吸收的水分主要通过消化道器官的毛细血管进入血液，送到人体的各个部位，期间可能会与人体各部位组织液进行交换，甚至进行细胞内外的交换，部分会通过体表的皮肤排出（如流汗），也可以通过呼吸排出（冬天我们呼出的气可以看到水雾）。更多的水分是通过肾脏，以尿液的形式排出体外。

小男孩想了一会儿，虚弱地说：“我喝了前些天放在阳台上的水，我……不想浪费水。”孩子眼泪汪汪，委屈地看着爸妈。

爸爸一听，又气又急，脸都绿了：“我的傻儿子！水不是像你这样节约的！这样的水肯定滋生了很多细菌，对人的身体是有害的，是不能喝的！”

“可是，那是烧过的开水啊！”孩子小声争辩着。

“那是哪天的开水啊？你搞搞清楚好吧！开水是要现烧现喝的。”

“那我以前也喝过隔夜的水，不是也没事！”

“你今天喝出毛病来是真的吧！”父亲已经气得语无伦次了。

看到父子俩面红耳赤的样子，妈妈耐心地解释起来：“儿子，你喝的那杯水，已经放了很多天了，就算它曾经被烧开过，但是放久了，里面又会繁殖很多细菌和病毒。这种不新鲜的水喝了会生病的，懂了吧。”

这时医生说道：“孩子的肠胃炎不是很严重，去拿药吧！在这里吃了药，再观察一会儿，没什么异常就可以回家休息了，以后可要注意饮水卫生。”

爸爸从药房拿来药，妈妈取出两颗递给了小男孩，孩子就着热水喝了下去。过了一会儿，脸色缓和了一些，可没过多久，小男孩的肚子又疼了起来，男孩的爸爸妈妈脸色沉重，急忙找来护士，护士向小男孩的父母解释：“不用紧张，这是刚才服下去的药发挥作用了，他这是要去排出体内的脏水和细菌了！”

### 活　动

天气炎热，我们可以选择多种渠道降温，你会选择哪一种？你认为哪种方式更健康？

1．坐在空调房，看看电视看看书，甚至一动不动，少流汗，就不热了。

2．多喝水，多运动，让自己多出汗，再洗把热水澡。

3．多吃冷饮，喝饮料，就不热了。

4．泡在水里，比如洗冷水澡、游泳。

护士的话音刚落，小男孩就不好意思地悄悄对爸爸说："我要去厕所！"男孩的爸爸立刻抱起儿子冲到了厕所，那些小小的细菌被孩子排到了体外，古拉也被一起排进了马桶。古拉看了一眼小男孩，他的表情舒展了许多。

孩子的爸爸伸手在水箱上一按，古拉被冲进了下水道里。古拉这次不再害怕，却有些担心小男孩："自然之光，你在吗？""嗯，我在。""能帮我看看小男孩吗？他的身体会变好吗？""你可真是个善良的孩子。你放心吧，小男孩的身体已经好了，跟着父母回家了。"

古拉悬着的一颗心放了下来，但是面对着黑洞洞的管道，他不知道自己又会被带去哪里。

**养成喝水好习惯**

儿童的新陈代谢比成人快，而肾脏浓缩功能差，排尿量相对较多，因此儿童对水的需要量比成人要多很多，尤其是炎热的夏季，儿童的饮水量更是猛增。自然冷却后的白开水是最适合儿童的饮品，儿童要养成喝白开水的习惯，并掌握饮水的"学问"。

白天，儿童应在两顿饭期间适量饮水，大约每隔一个小时喝一杯水。不要等到口渴时才想起喝水，也不要大口吞咽，因为喝水太快、太急，会把很多空气一起吞咽下去，容易引起打嗝或腹胀。尽可能不要喝冰水，冰水容易引起胃黏膜血管收缩，使胃肠的蠕动加快，甚至引起肠痉挛，导致腹痛、腹泻。果汁、汽水等饮料含有较高的糖分和其他不利于身体健康的物质，因此不能用汽水、饮料等代替白开水解渴或补充水分。

**活 动**

怎样喝水更科学？选一选。

1. 早起晚睡一杯水。（ ）
2. 口渴的时候赶紧去饮水。（ ）
3. 饭前饭后不要大量饮水。（ ）
4. 重视从每日摄入新鲜蔬菜、水果中补充水分。（ ）
5. 运动或洗澡后，身体严重失水后不过快过量补水。（ ）

# 12 自豪（城市的排水系统）

古拉被冲进下水道，顺着管道一直流淌。古拉最怕进入下水道了，又脏又臭，还有很多古怪丑陋的虫子，上次遇到老鼠的经历现在还历历在目。还好，这里的下水道比较窄，应该没有老鼠。古拉正想着，远处传来一片水声，紧接着一股水流冲过来，把他冲到了下水道更深处。

一路上不断有同伴从各个楼层的各个管道加入进来，大家手挽着手在管道里向下流动，互相友好地打着招呼。这些小伙伴们来自医院的各个地方，古拉根据小伙伴的描述，在脑海里形成了一幅医院的排水系统平面图——这个排水系统还真是复杂。

“嘿，你是哪来的，身上什么味儿啊？”古拉看见一个身上带有泡泡的小伙伴，浑身还散发着一股奇怪的味道，好奇地问道。

“啊？哦，我是从三楼手术室外面的洗手台来的，你闻到的是消毒水的味道。”“那你身上的泡泡是哪来的啊？”古拉再问道。

“这是肥皂泡。每个医生进手术室前都要用肥皂和消毒水把手反复地清洗，再用水冲洗，把手上的细菌冲洗干净，才能为病人做手术啊。”

古拉和伙伴们继续向下，从一边的管道又流过来一股冒着泡泡的水。“你们也是从手术室来的吗？”古拉热情地迎上去。

“我们从洗衣房来！”来者答道。

“你的身上怎么也有泡泡？”古拉糊涂了。

“那是洗衣粉的泡泡，不过，没有我们，洗衣粉是变不出泡泡来的，更不可能把衣服洗干净！”那些水滴争先恐后地说着，脸上还露出得意的表情，但转瞬又显得有些伤感，“但是，脏衣服是洗干净了，我们却变脏了，还被冲到这么个鬼地方。”

“你就别难过了，我们才倒霉呢？明明是干干净净的雨水，非要把我们用来洗拖把，太恶心了。”一股刚从拖把池流进下水道的水流，委屈地嘟囔起来。

### 下水道

下水道是城市用来收集、输送和排放污水或雨水的管道，早在古罗马时期就出现了。近代下水道的雏形源于法国巴黎。

巴黎下水道均在地面50米以下，纵横交错，密如蛛网，总长2347公里，甚至开发成了一个下水道博物馆，是一项绝世伟大工程。东京下水道于1992年开工，2006年竣工，由一连串混凝土立坑构成，地下河深达60米，堪称地下宫殿，是世界上最先进的下水道排水系统。

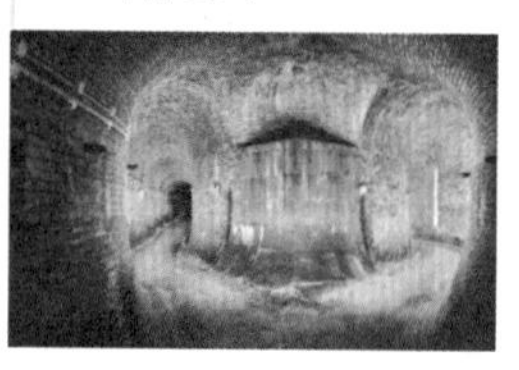

↑巴黎下水道（下水道博物馆）

↑东京下水道（地下宫殿）

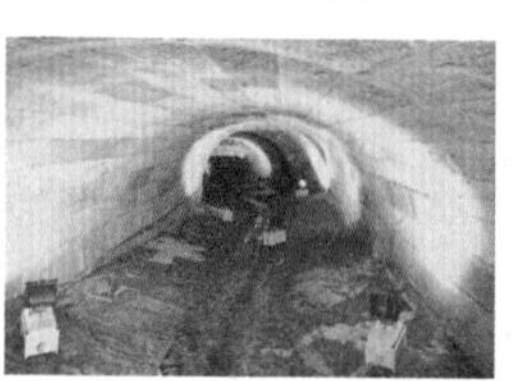

↑罗马下水道（最古老的下水道）

↑伦敦下水道（英国七大工业奇迹之一）

### 活　动

上面这些图片都是下水道最后的干管，干管和用户之间还有很多支管。连接家庭的下水道管材原来多是铸铁管，但生产成本高且易生锈，现在多用PVC管。

请调查，下水道管和自来水管有什么区别？

“别难过了，伙伴们，”古拉安慰大家道，“只要我们能离开这里，一定可以重新变得干干净净。”

“真的吗？真的吗？”大家立刻兴奋起来。

古拉安抚着他们：“我也是第一次来到这个医院，我们可以想办法离开这里。”

“这下水道通向哪里，我们会到哪儿去呢？我们可不想一直在这黑乎乎的地方！”

“这是暂时的，我们一定会回到江河里的！”看到小水滴们还是很沮丧，古拉嘴上安慰大家，可心里也有些害怕，只能顺着水管平静地流。

下水道管越来越粗，在一个大拐弯处，古拉被撞得眼前直冒金星。古

**城市排水系统**

城市排水系统用于处理和排放城市污水和雨水，包括收集、输送、处理和排放污水的一整套工程设施，通常由排水管道和污水处理厂组成，为保障正常的生产生活发挥了重要作用。

排水系统有分流制和合流制两种基本类型。合流制是污水和雨水共用管道，分流制是污水和雨水分用管道，即雨污分流。雨污分流建设费用较多，但更有利于防止水体污染和水资源循环使用，因此被更广泛地采用。

传统的排水系统是以排为主，国际上新规划设计理念，要求综合考虑生态、环境、水量平衡、应急管理等。

城市排水系统→

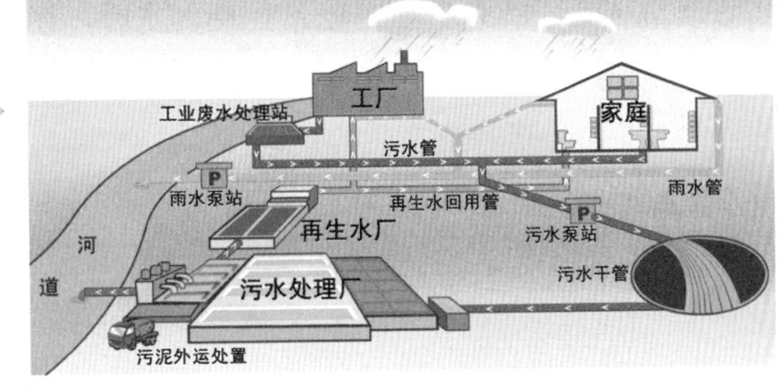

有条件的话，请走访一下所在地的市政管理部门或排水管理部门，了解一下你所在地的排水系统。

拉隐约听见下水道外面传来轰隆隆的声音，那声音时远时近，古拉心里有点紧张。“什么声音？”身边的朋友们也都变得紧张，谁也不能回答古拉的问题。

“那是打雷声，外面开始下雨了。”自然之光的声音传来，古拉的心里不再慌张。

下水道外又传来了雷声，还夹杂着水流急速流动的声音。“怎么会有这么大的水声呢？”古拉很是疑惑。

自然之光呵呵一笑：“在你这根管子的旁边还有一根一模一样的水管，不过它里面流的是雨水。”自然之光回答着。

“另外一根水管，它们最后会和我们去同一个地方吧！”古拉大胆地猜测着。

“那可是不行的，你现在待的地方叫污水管，你刚才也听到了大家的话，

## 城市内涝

当降水大多超过城市排水能力，致使城市内产生积水灾害，就是城市内涝。

城市内涝多发生在地势低洼的地方，例如立交桥下、涵洞里、过街的地下通道、铁路桥、公路桥等。有些街区因为排水管道设计不合理，也会造成内涝，严重时楼房底层房屋都会被淹没。因此，发生强降雨时，应该避免进入这些地势低洼的地段，更不要轻易涉水通过，以免发生触电、陷坑、溺亡等危险。

产生城市内涝的原因，一是城市发展太快，低洼地段也被利用建房，而排水设施设计建造标准太低；二是城市地面普遍硬化，不透水面积增加，绿地、河流、湖泊急剧减少，大大削弱了城市的渗水、蓄水、排水能力。

城市内涝↑→

水在把别的东西洗干净的同时，自己却弄脏了，带有各种化学品、细菌病毒等。雨水主要带有尘土泥沙、树枝树叶等。人类需要更好地利用水资源，所以处理雨水和污水的方式是不同的。如果把雨水和污水混在一起，处理起来就麻烦多了。”

古拉听得晕头转向，明显变得不高兴了：“我不管别的，我只想知道，我们现在会去哪儿，我们还能再见到阳光吗？还是要永远待在这暗无天日的地方？”

“是啊！是啊！”伙伴们一起喊了起来。

见古拉着急，自然之光很理解，慢慢宽慰着他们：“孩子们，别急啊，这你得听我慢慢说。每个城市都有一个庞大、复杂的排水系统，你们刚才流下来的那根管子属于那栋楼的排水系统中的一部分，用途就是能够准确地将污水聚集起来，以便于之后的处理，后面连接着一个大的处理系统，叫污水处理厂，你们在那里会变得很干净，然后就能回到江河里了。”

“我不想去工厂，为什么不能把我们直接排进江河呢？上一次我被祭祀的人倒进下水道，不是直接回到江里了吗？”

自然之光见古拉情绪激动，语气变得更加沉重：“孩子们，这也是不得已啊！你上次是茶水，所以可以直接进入江里。”

“但是，”他叹了一口气，继续说道：“你现在身上不仅有杂物，还有很多细菌和病毒，有些还有传染性。其他从家庭里出来的污水也好不到哪里去，洗澡、洗衣、洗碗使用了太多的化学品。还有从工厂流出来的水，

**活　动**

当发生强降水时，人们出行如何在城市内涝中避险自救？请查阅资料，编写一个简明手册，必要时可以配上图片或图画。

成分就更加复杂了……而且，人类每天都要产生大量的脏水，只靠大自然的自然净化实在是力不从心啊！”

正说着，听到汽车刹车的声音，一会儿一阵呼啦啦的巨响传来，古拉急切地问：“外面出什么事了吗？”

“别怕，是雨下得太大太急，地面的水来不及流入下水道，部分低洼地带已经有大量积水。市政部门派了抽水车来抽水，疏通管道，以免形成内涝！”

很快，外面人声、车声渐渐低了下来，紧急情况排除了。

古拉感叹道：“人类真了不起啊！又是给水，又是排水，一会儿污水一会儿雨水的，真是太复杂了，太先进了！真

## 多彩的井盖

在城镇的大街小巷到处都可以看见井盖，用于遮盖道路，防止人或者物体坠落。但井盖下面不都是下水道，还有自来水、电力、煤气、通讯电缆、热力、化粪池等。下水道井盖上一般都有“雨”或“污”字，既区别雨水和污水，也区别于其他井盖。

↑各种用途的井盖

为了使井盖更加美观，有许多城市给井盖设计了漂亮的图案。在日本，每个城市都有极具特色的井盖，上面有名胜古迹或历史故事等可以代表城市的文化符号。井盖变成了城市的名片。我国有些城市也设计了具有本地特色的井盖。

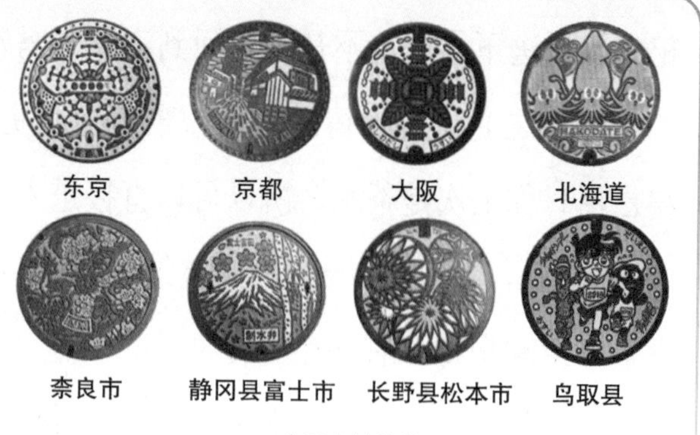


↑日本的井盖

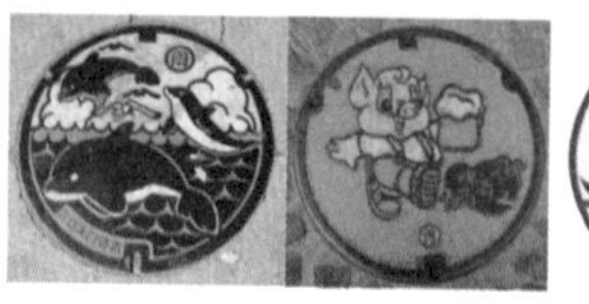

↑青岛的井盖

↑杭州西湖的井盖

不敢想象，如果没有排水系统，人类的生活会是什么样！”

“说得对呀，古拉，排水系统对于人类太重要了！没有排水系统，人类根本无法正常生活。”

其中一个小伙伴好奇地问：“真的吗，排水系统这么重要？”

自然之光说得兴起：“当然啦。比如说伦敦，你别看现在是英国首都，世界著名的大城市。可你知道吗？几百年前，伦敦又脏又乱，到处污水横流，霍乱流行、臭气熏天。后来，政府决定修建城市排水系统，把污水通过下水道收集、排放，不再污染城市。排水系统修成之后，再也没有臭气和霍乱了。伦敦能有今天的繁华，排水系统功不可没。”

自然之光见古拉他们听得聚精会神，一下打开了话匣子，滔滔不绝起来：“城市雨水收集利用的思想具有悠久的历史。例如，北京北海公园有一个团城，地势高于北海湖水水面5米多，树木生长所需的水分很难从地下水得到补给，只有靠天然降水。但团城内几十棵古树却生长了几百年，最大树龄已高达800余年，仍枝繁叶茂。原来，团城的地面大部分用易渗水的梯形青砖铺成，砖下面有很多空隙和吸水性很强的土壤，便于雨水下渗。地下还有一个由涵洞和雨水井口组成的‘C’形排灌系统，既能排出雨水，又能使雨水充分下渗，为古树营造了适宜的生长环境。这说明古人的设计思想十分先进。”

自然之光继续说道：“人类一直在研究排水系统，不管是国外的还是国内的，都有着悠久的历史。像乐山的大佛就是因

**活　动**

1. 请你给自己学校的井盖设计一个图案，要体现学校的特色，你会怎么设计呢？大胆试一试吧！还可以把你看到的比较特别的井盖画下来或用相机拍下来。

2. 你观察过身边的窨井盖吗？它们都是做什么用的呢？用相机拍下你见到的井盖，然后把它们按一定标准分分类。

为有高效的排水系统，才能在雨水充沛的四川存在这么久没有被腐蚀。故宫的排水系统也很有名，自从建成到现在，故宫从没出现过内涝。倒是现在的城市，一下大雨，就惨了！”听着自然之光的叹息，古拉陷入了沉思。

远处又传来轰隆隆的打雷声，雨还在下着。“这些雨水其实可以收集起来，经过简单处理，可以用作景观环境、绿化、洗车场用水、道路冲洗、冷却水补充、冲厕及一些其他非生活用水。”有了之前的经验，古拉试着分析起来。

自然之光摸摸古拉的脑袋，忍不住夸奖道：“古拉，不错嘛！知道活学活用啦！你说得很对，雨水虽然不能直接作为生活用水，但由于天然雨水具有硬度低，污染物少等优点，经收集和一定处理后，除了可以浇灌农作物、补充地下水，还可用于补充部分生产用水。现在，如何收集利用雨水正成为人类研究的重要课题呢。”

### 乐山大佛的排水系统

乐山大佛坐落在四川乐山市岷江东岸，唐代建造。大佛头部共18层发髻，第4层、9层、18层各有一条横向排水沟，各层之间又有几条纵向排水沟，水可以顺利分流；两耳背后各有一个洞穴并互相连通，可排走头顶积水和山体渗水；身体两侧从肩部到脚部各有一条凹槽，用于泄洪；衣领和衣服皱褶也有排水沟。这些排水沟和洞穴，组成了科学的排水、隔湿和通风系统，使大佛屹立千年不倒。

↓乐山大佛

**活　动**

查阅资料，调查一下北京故宫的排水系统，分析它的哪些设计十分巧妙？

# 13 惊恐（水污染与防治）

沉默了好一会儿，古拉心里越想越不是滋味，忍不住说道：“雨水的作用看来真不小啊！那我们这样的污水就没有用了？”古拉为自己的前途担忧起来，便对自然之光发问：“你说，我们进入下水道后就会流向污水处理厂。但是经过处理厂以后又会怎样，我们又将去什么地方呢？”

“这我也不知道了。我只知道，雨水有雨水收集的地方，污水也有污水收集的地方。”

“这两个地方有什么区别呢？”古拉对没见过的地方充满了兴趣。

自然之光的语气变得有些欢快：“哈哈，那是肯定有区别的，雨水处理的方法比较简单，而污水就复杂多了，因为污水的成分很复杂，特别是其中有些是对人类有危害的成分，所以通常会经过很多种不同的处理方式。通常情况下，农村里的普通生活污水尽量采用自然方式处理。农业生产中因为要用到化肥、杀虫剂等化学产品，处理起来还是有很大难度的，而且因为农村各方面条件的原因，生产生活用水没有城市污水处理做得好，特别是农村的生产污水是个非常大的隐患，如此下去会给人们的饮用安全带来大麻烦。”说到这儿，自然之光的眉头也皱了起来。

古拉觉得累了，渐渐迷糊起来，自然之光后面说了什么，也不知道了。

他在污水管里流了很久了，水管里的污垢也越来越多，古拉虽然尽力躲避，但身上还是被沾满了各种各样的污垢。

古拉心里暗自抱怨：“人类的生活到底是什么样啊，每天产生那么多

## 污水处理

人们在生产生活中需要大量的清洁水源，同时又要排放大量污水，这些污水有的富含养分，有的含有病原体、甚至还含有毒素，但无论是哪种污水，都会对自然水体造成污染。所以污水在排入自然水体之前都应该进行相应的处理。

处理污水的方法有很多，大致可以分为物理法、化学法和生物法。除此之外，人们对模拟自然水体净化方式处理污水的研究也越来越重视。活水公园就是最具代表性的人工设计建造的自然净化水处理系统。

成都的活水公园被广泛关注，并荣登2010年上海世博会的大雅之堂，最吸引人的地方在于这个公园有污水处理的神奇功能。活水公园取自府河水，通过水流过岩石和植物的自然作用而使水净化，最终水由“浊”变“清”、由“死”变“活”，是不是很神奇呢？

↑成都活水公园景观

## 活　动

你认识下面这些植物吗？它们都是净化污水的英雄。了解一下，它们各自都有哪些本领。

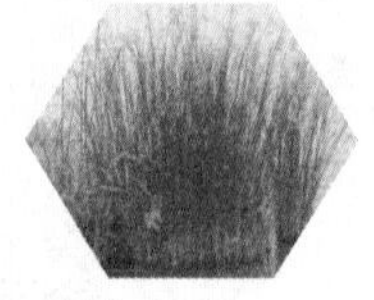

↑水葱

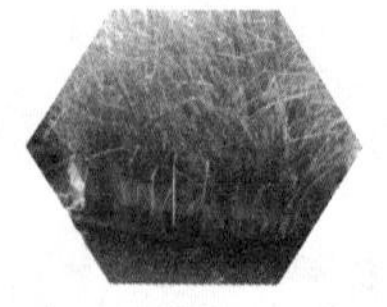

↑香根草

↑水生薄荷

↑芦苇

↑凤眼莲

的污水。”这时他身边的小伙伴们也都和他一样，身上被黑黑的污垢给沾满了。

大家都开始焦躁起来，可是这些污垢却紧紧地粘在他们身上。有的小伙伴们身上的污垢里还混有一些从没见过的小型颗粒，古拉的身上也粘了。管道里的气味越来越难闻，古拉开始感觉头昏，呼吸也变得急促起来，身上渐渐开始没有力气，周围有些小伙伴们甚至昏了过去。

## 不同污水的特点

↑生活污水

生活污水就是人类生活过程中产生的污水，主要有洗涤污水和粪便等，含有大量纤维素、脂肪、病原菌、病毒、寄生虫卵和大量无机盐，硫和磷的含量高，容易产生恶臭，是自然水体的主要污染源之一。

医疗污水主要指医疗机构产生的污水，含有一些特殊的污染物，如药物、洗涤剂、消毒剂、诊断用剂，以及大量能引发疾病的病菌和病毒，甚至有放射性物质。虽然水量总体比较小，但污染力强，易传播疾病。

↑工业污水

工业生产污水又称工业废水，包括生产过程中产生的废水、废液和污水，根据生产的工艺和产品不同，含有不同的污染物。这类污水水量大，污染性强，危害巨大。

↑养鸭场污水

农业生产污水主要包括农田排水、饲养场污水和农产品加工污水，主要包括化肥、农药、粪便等。农业污水的水量大，影响面最广。

### 活　动

调查一下你居住的小区和城镇，主要的污水是哪几类？排放前有没有采取处理措施或采取了什么处理措施。可以尝试绘制一张污染分布图。

小伙伴看见古拉的脸色很难看，有气无力、昏昏欲睡的样子，就紧张地问:“古拉，古拉你怎么了？”古拉也觉得自己很不正常，喘着粗气:“我，我有点头晕，我也不知道怎么了，就是很难受，想睡一会儿。”

自然之光看到了，赶忙说：“古拉，坚持住，别睡，马上就到终点了，千万别睡啊。”但古拉还是没有坚持住，昏睡了过去。

古拉在一阵推搡中恢复了意识，耳边传来自然之光的声音：“古拉，醒醒，醒醒！”

古拉勉强睁开了眼睛，但是意识还不是很清楚：“自然之光，我刚才

## 污水处理厂

城市污水、工业污水量大且易收集，常常通过建造污水处理厂来净化。常见污水处理方法有物理法、化学法和生物法，通常三类方法综合使用。

污水处理厂工艺流程大同小异，一般包括格栅间、曝气池、沉淀池、污泥消化池等。污水通过处理达到排放标准后，可以用于城市灌溉、冲洗道路、冲洗马桶等，也可以直接排放到自然水体中。

工业废水、医疗污水等先要经过特别处理，除去有毒的化学物质或病毒病菌等，再进一步进行普通处理。

←二次沉淀池

曝气池→

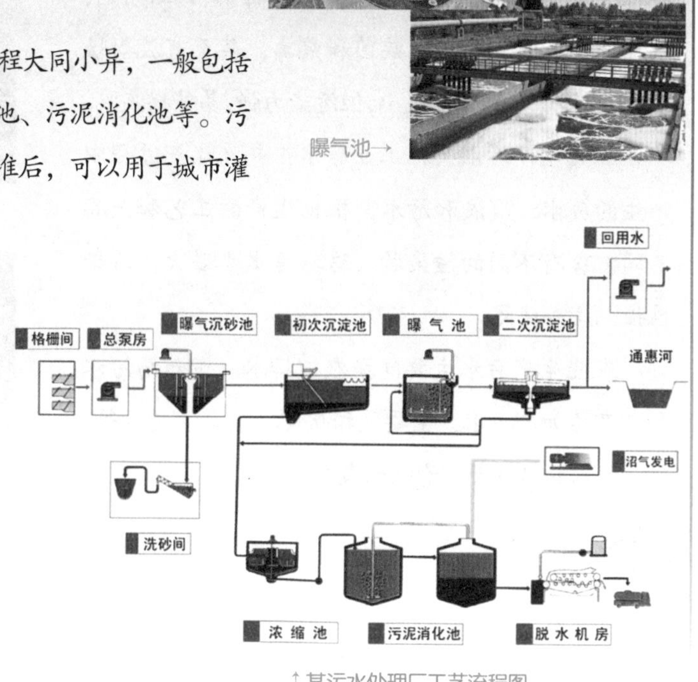


↑某污水处理厂工艺流程图

这是怎么了，我们现在在哪儿，我怎么就睡了过去？”

自然之光看见古拉慢慢恢复了意识，便解释道：“这里应该就是污水处理厂了。你是从医院里出来的污水，需要进行一些特殊的处理，然后顺着管子流到另一个水池里。”

“污水还有区别呀？不都是脏了的水吗？”

“区别可大了，污水也分为城市生活污水、农村生活污水、医疗污水、工业生产污水、农业生产污水。生活污水如果排入河流，容易引起藻类的大量繁殖，产生大量有机物，消耗水中的氧气，引起水生动物缺氧死亡，破坏水生态平衡。生活污水比较好处理，一般采用生物处理法和物理处理法。

工业生产污水如果直接排放，大量化学物质或重金属，会直接毒死水中的植物和动物，破坏生态平衡。医院污水如果直接排放则容易导致传染病毒和病菌大量散播，不但引起水生动物患病，还会引起人类患上传染病。工业生活污水和医院污水一般都要采用特殊处理，才能去除有毒有害物质。”

**饲养蚯蚓**

蚯蚓已被用来处理厨余垃圾。找一个塑料盒或金属盒等，在里边装三分之二的潮湿泥土，然后挖十条蚯蚓放入土中（泥土最好取自挖蚯蚓的地方）。在土上放一些烂菜叶、果皮等，用纸片盖住盒子。

↑饲养蚯蚓

1. 每天在一个固定时间查看，观察菜叶果皮情况和泥土变化情况。

2. 一个月后，把泥土倒出，检查蚯蚓数量。

“学问这么大呀？那我们消完毒之后会怎样啊？”还没等古拉的话问完，他已经来到另一个池子，就看见从不远处走过来两个全副武装的工作人员。其中一个将推车上的桶放在了地上，一边擦了擦头盔上的雾气，一边查看水池边的仪表盘，对另一个人：“这两天的水里重金属含量有点过高啊！”

这时机器发出了刺耳的鸣叫声，“看，这都爆表了。赶紧处理吧。”两人说着就抬起了桶，把不知是什么的物品倒进了另一个仪器。那东西很快就渗进水里晕开了，那些小颗粒靠近了古拉，奇怪，古拉身上的黑乎乎的脏东西被轻轻地拽了下来。过了一会儿，工作人员又看了看刻度表，发现指数达标，就走了。

古拉身上昏沉沉的感觉减轻了许多，身子也轻松了许多，身边小伙伴们身上的重金属也都被扯了下来，大伙都觉得轻松了许多，变得活泼起来。而那些被扯下来的东西慢慢地形成了一团团絮状的东西，还不断增大。

古拉他们的脚步并没有停下来，又被带到下一站，一个大大的圆形池子，随着水的流速变慢，那些絮状的东西也变成了固体沉到了池底。古拉他们接着又进了几个不同的池子，在那里，又经

## 重金属污染

重金属主要是指汞、铅、镉、铬、砷等对生物有显著毒性的金属，还包括锌、铜、钴、镍、锡、钒等有一定毒性的金属。工业污水中重金属含量较高，医疗污水中的部分医疗检测试剂重金属含量较高。水体或土壤一旦被重金属污染，很难在短时间内修复。

水体中的重金属，会通过水体——水生植物——水生动物的食物链条，也能通过水体——土壤——植物——动物的链条，最终影响到人体自身健康。这些含有重金属的水或食物可能不会使人立即出现中毒症状，但重金属会在人体内聚集，时间长了会引起人体慢性病变。如水俣病就是人体吃了被汞污染的食物引起的慢性病，儿童血铅就是摄入了被铅污染的水和食物而引起的疾病。

被重金属污染的河流→

↓患水俣病的儿童

过了紫外线照射和第二次加入化学物品等，身上的污垢也随着池子的更替变少了。当古拉经过最后一个池子时闻到了一股石灰的味道，出来的时候，感觉好像刚洗了一个桑拿，虽然有点疲惫，但神清气爽。

“啊，真好。”古拉和伙伴们都长舒了一口气，“自然之光，我们接着会到哪去？”

“你们现在是中水，达到了排放标准，可以排入河流，也可能用于城市园林灌溉、道路保洁、洗车、城市喷泉或冲洗马桶。”

“啊？冲洗马桶？！那我们不又要重新回到肮脏的下水道里和粪便污泥一起了吗？”大家惊愕不已，愤愤不已。

听了自然之光苦口婆心的解说一通中水的好处、优势之后，水滴们又觉得自己作为中水很伟大、很自豪，纷纷表示要回流回去发挥更大作用，哪怕自己脏一点、累一点也没有关系。大家纷纷嚷嚷、嘻嘻哈哈地

**活 动**

**防范废电池的污染**

电池是日常生活中常用物品，消耗量很大。电池中含有多种重金属，随便丢弃的话，容易导致土壤污染、水体污染。科学调查表明，一颗纽扣电池弃入大自然后，可以污染60万升水，相当于一个人一生的用水量。

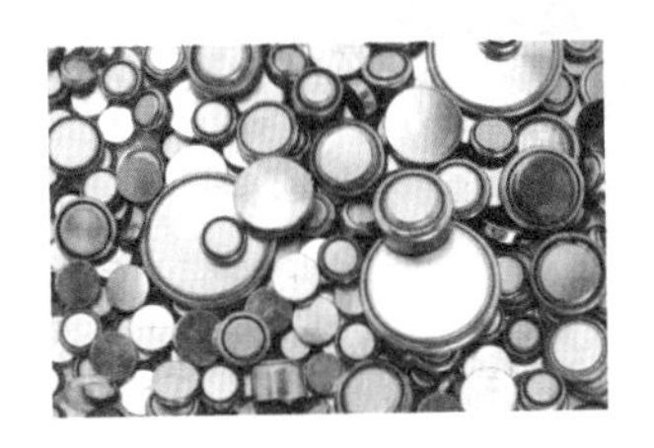

↑纽扣电池

↑干电池

↑可充电锂电池

请搜查相关资料，制作一份介绍废电池污染危害的宣传材料，并提出一些可行的防止电池污染的措施，在小区或学校推广。

向前流动。

古拉在一段干净的水管里漂流，经过许多个分叉、拐弯，终于看到水管的尽头有一道亮光透了进来，有点刺眼。那道光越来越近。“啊！那是出口。”古拉急速冲了出去，久别的蓝天白云呈现在眼前，清新的空气扑面而来。

“哦！是长江，我终于又回来了！”这意外的惊喜让古拉开心极了。

## 中　水

中水是因为水质介于自来水（上水）和污水（下水）之间的，所以称为中水。又因为是用污水经过处理得到的，也称作再生水。

城市用水量大，但并不是都必须用自来水等高水质的水，如冲马桶、冲洗道路等。使用中水，相比使用自来水更加经济实惠，还有利于节约水资源，保护生态环境。

目前，我国大城市已经逐步加大了中水的使用量，积累了丰富的经验，取得了很好的效果。

←中水处理厂

中水用于灭火→

中水用于浇灌↑

## 活　动

搜集整理中水的相关材料，写一篇介绍使用中水的优势的小论文。

# 14 兴奋（航运）

古拉面对这许久未见的长江，一下子兴奋地冲进了进去，还是熟悉的感觉，只是江面更加开阔，江上来往的船只更多，大大小小，各种各样。还有一种以前没见过的奇怪的船，排成一长串，上面装的东西有的黑黑的，有的黄黄的。

“自然之光，你在吗？”古拉习惯性地问道。

“我的孩子，又有什么问题？”自然之光真是无处不在。

“你看到了吗？那些奇怪的家伙，一串一串的。”古拉指着江面不远处问道。

“那些家伙领头的叫拖船，后面拖着的那些是驳船。准确地说，驳船并不是船，它们没有动力，多数用来装运货物。”自然之光从不叫人失望，语气总是那么从容。

“江面上怎么有这么多驳船啊！那些黑黑黄黄的又是什么啊？”古拉的提问模式一启动就停不下来了，好在自然之光无所不知：“因为驳船造价便宜，装货量大，吃水浅，非常适合在长江等内河上运送货物，那些黑黑的是煤，黄黄的是沙……”

“内河又是什么意思啊？这么说还有外河吗？”古拉大有打破砂锅问到底的架势。

自然之光继续耐心地解释：“内河是位于一个国家内陆的河流，像长江、黄河、淮河都是内河，它们最后几乎都会流入大海。长江最后流向东海，黄河流向黄海……”

**活　动**

江苏淮安是南北水运枢纽，东西交通的桥梁，控制江淮的军事重镇，是漕粮北运纲盐南运的集散宝地。“南必得而后进取有资，北必得而后饷运无阻”是什么意思？说一说。

“海跟河一样吗？也是那么长吗？”古拉的兴奋立刻溢于言表。

“保密！你很快就会见到！”这一次，自然之光没有给出满意的答案。

古拉难以抑制内心的激动，一会儿看看东，一会儿望望西。好家伙，江面上除了驳船，还有很多大大小小的船只，有的载人，有的装货。

**漕运与运河**

漕运是我国古代利用水道调运粮食等物资的专业运输，由官府控制。漕运起源很早，春秋战国时期就得到运用。由于漕运省力经济，历朝历代大力发展，并通过开挖人工河道的方式，连接天然河道。人工河道就称为运河。

京杭大运河是世界上开凿最早、里程最长、工程最大的古运河，春秋时吴国开凿，隋代大幅扩修并贯通，元代翻修并取直至北京，已经有2500多年历史。大运河流经北京、天津、河北、山东、江苏、浙江6省市，沟通了海河、黄河、淮河、长江、钱塘江五大水系，至今山东以南部分仍是南北水运大动脉。

↑运河驳船队

↑古运河线路图

↑今京杭运河线路图

古拉还想和自然之光一起讨论自己看到的景物，他仿佛真有“十万个为什么”想要问出来。

但自然之光此时不知去了哪里。“可能是去哪艘船上休息了吧。”古拉暗自揣测着。

忽然，古拉被一阵由远而近的剧烈嘈杂声吓得跳了起来。猛地一回头，一个巨大的“怪兽”像箭一样冲古拉飞了过来。

“怪兽”长着一个尖尖的头，身子长长、扁扁的，半个身子悬在水面上，只是尾部落在水里，身后扬起巨大的水雾，像一条白色的蛟龙从水里钻出来似的，转眼间就从古拉头顶上一掠而过。“呀，龙！长江里有龙！”古拉吓得紧闭双眼，不禁失声大叫起来。

### 航　运

航运就是水上运输，包括客运和货运，也可分为河运和海运。长江作为贯穿大陆东西的水运干道，自古航运发达。

长江自金沙江至三峡的航段，航道曲折，山势险峻，水急滩多，顺流而下虽快但险，逆流而上靠船工拉纤，举步维艰，也因此孕育了著名的川江号子。现在行船不再靠人力，航道也经过改造，航运更加发达。仅三峡大坝的修建，就使至重庆的通航能力由年单向1000万吨提高到5000万吨。

海运是国际物流中最主要的运输方式，占国际贸易总运量的三分之二以上。海运有运量大、费用低、航道四通八达的优势，但也有速度慢、航行风险大、航行日期不易准确等缺点。

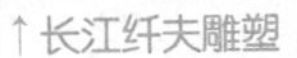

↑长江纤夫雕塑

↑飞翼船

↑巨型油轮

↑大型货轮

### 活　动

请搜寻资料，了解三峡大坝的修建对长江航运的影响。

“哈哈，哈哈，笑死人了。这哪是龙啊，充其量算是龙船。”一条小鱼游过来，笑得前仰后翻。古拉还没反应过来：“啊？哦，不好意思，这是龙船啊？”

小鱼好不容易止住笑：“其实这是一艘飞翼船。因为它扁平，像两边长了两个短翅膀，又因为它航行的速度非常快，像飞一样，所以称为飞翼船。”

此时，夕阳西下，阳光照在江面上，果真是“半江瑟瑟半江红”。古拉躺在在水里，舒服地享受着难得的惬意。

古拉指着远处横跨在长江上的一条“长龙”问：“那长长的是什么？也有点像龙呢！”

“那长长的叫‘桥’，过去人们想从到江

## 桥 梁

桥梁是架设在江河上便于车辆行人跨越江河的建筑物，具有悠久的建造历史。我国四大古桥之一的赵州桥是现存最古老的大跨径石拱桥，始建于隋代，经历了水灾、战乱、地震等无数破坏，历经 1400 多年，仍旧屹立不倒。

长江上的第一座大桥是武汉长江大桥，1957 年建成。1968 年建造了南京长江大桥，之后，陆续建造（或在建）了大量高投入、高技术、大跨径的长江大桥，已达到 100 多座，具有代表性的有上海长江大桥（世界最大隧桥结合工程）、大胜关大桥（世界首座六线铁路大桥）、江阴大桥（我国第一座跨径超越千米的悬索桥）、芜湖大桥（我国跨度最大的公路铁路两用桥）、西陵大桥（长江上第一座悬索桥）等。

↑武汉长江大桥

↑赵州桥

↑上海长江大桥

↑大胜关大桥

↑南京长江大桥

对岸去，只能坐船，有了桥，人们就可以自由的来往于长江两岸了，所谓‘一桥飞架南北，天堑变通途’讲的就是这个意思啊。现在有些城市还在江底挖了隧道，通了地铁，人们更加方便、快捷地来往于长江两岸。”

“刚才那个大家伙是从下游过来的吗？它怎么能从桥下面钻过来呀？”古拉的疑问越来越多。

“那桥看着小是因为离得远，实际上这座桥高得很，离水面有几十米，每座桥下面都有巨大的桥墩托起桥身，这些桥墩的高度是经过精心设计的，让各种吨位船都能从下面顺利通过。”

古拉立刻对这位见多识广的朋友刮目相看，和那小鱼热烈聊了起来：“嗨！兄弟，我还不知道你的名字呢？”“我是一条小鲫鱼，你就叫我小吉吧。你叫什么啊？”“我是从唐古拉山来的，我叫古拉。”

古拉跟着小吉一边顺流而下，一边忙着向小吉讲述自己一路的奇遇。两人嘻嘻哈哈，欣赏着沿途的风光。一排排绿油油的庄稼在地里茁壮地成长，两岸山上还有许多树上挂着或红或黄的果实，一个个小村庄镶嵌在半山腰。

“呀，那一定是夔门！我听自然之光描述过。想不到这么快就到三峡了。夔门是瞿塘峡的入口。”

“对，这就是夔门。这里已经是三峡库区，我们很快就可以看到三峡大坝了。”

“是的，三峡大坝，自然之光也跟我讲过。”

古拉和小吉一路聊着，已经成了无话不谈的好朋友。很快，一片浩瀚的水面出现了，远处横卧着一条大坝，如长虹卧波。

古拉终于看到了朝思暮想的三峡大坝

**活　动**

桥梁按结构可以分为梁式桥、拱式桥、钢架桥、悬索桥、组合体系桥（斜拉桥）五种基本类型。请用纸、木棍、线、胶水等常见材料制作一个桥梁模型。你也可以尝试用两张A4纸制作一个桥梁，看它能承受多大重量。

了。可是，他没能到大坝近前，而是流向了左侧一道长长的巷道。

“这是什么？”古拉问。小鲫鱼说：“这是船闸。船只要通过船闸才能通过大坝。我也只有通过船闸才能安全到下游去。”

正聊着，忽然响起此起彼伏的汽笛声，古拉被眼前的景象吓了一跳：一艘艘大轮船整齐地在岸边停泊着，岸上，一辆辆大汽车来回奔跑，一个个长着长鼻子的家伙把一个个巨大的箱子装到那些轮船上。

小吉抢着向古拉介绍：“听岸上的人说，那些方方正正的大铁箱子叫集装箱，里面装了好多货物！”

古拉问：“那么大的集装箱，人类是怎么把它们摆放在一起的呢？还那么整齐？”小吉右手指了指：“你看到了岸边那些高高的红色吊台吗？”古拉顺着小吉手指的方

**活　动**

请根据船闸工作原理图，用一段文字叙述一下船只通过船闸的全过程。

**船　闸**

船闸是使船只能顺利通过大坝的设施。当江河被大坝隔断时，上下游水位相差较大，船只无法通过，这时就需要船闸。

三峡大坝设有双线五级船闸，是目前世界上最大的船闸。该船闸单线全长1607米，每个闸室长280米，宽34米，可通过万吨级船只。

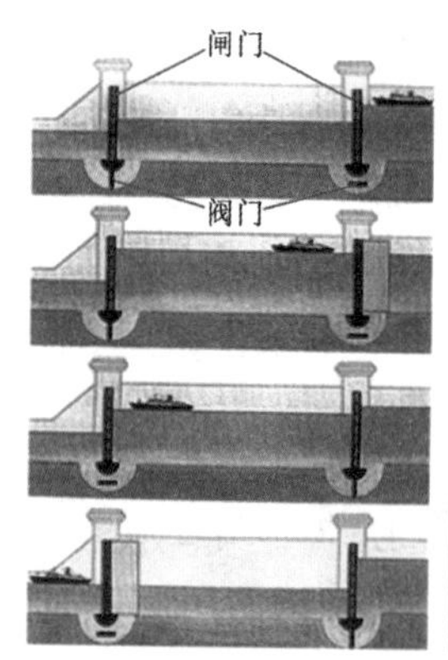

↑船闸工作原理图

↑三峡五级船闸（部分）

↑船闸内部

向望去："嗯，我早看见了，那东西还能动呢！""人类就是用它把集装箱拿上拿下的。这儿水很深，水面开阔，很适合停靠大轮船，这样的地方就叫作港口。"

见古拉听得入神，小吉继续介绍："越大的船，装的集装箱越多，能航行的路程也越远。海轮比江轮就要大许多。海轮每年大部分时间都是在海上漂着，虽然速度不快，但是能运送的东西可不少呢。"

"你看，船上还有人呢，怎么是黄头发蓝眼睛的，上面挂的旗帜也和其他船不一样？是从外国来的吗？"

"我也不知道呢。"小吉挠了挠脑袋。

## 港口

↑丰都鬼城客运码头

↑舟山港

↑香港维多利亚港

港口又称码头，是水陆交通的集结点和枢纽，既可以转运旅客和货物，又能供船只安全进出和停靠，还能给船只补充油料等给养。长江上重要的港口有重庆港、岳阳港、武汉港、南京港、镇江港、南通港、上海港等。我国沿海也有许多重要海港，如2014年大陆的十大海港为上海港、深圳港、宁波－舟山港、青岛港、广州港、天津港、大连港、厦门港、营口港、连云港。

## 活动

除大陆外，我国台湾的高雄港和基隆港、香港的维多利亚港都是世界著名港口。世界上其他国家或地区也有很多著名港口，如横滨港、千叶港、名古屋港、卡拉奇港、洛杉矶港、纽约港、马赛港、鹿特丹港、汉堡港、圣彼得堡港、开普敦港、悉尼港等。你知道这些港口在哪个国家吗？试着在世界地图上找一找，并想一想，这些港口为什么会著名。

这时自然之光对古拉的问题进行了解答："对，那是外国船只。不过最早的远洋轮船却是中国人造的。中国早在宋代造船业就非常发达，全世界都从中国进口船只。明代就有郑和率领中国船队七次漂洋过海，历经千难万险，开辟了海上丝绸之路，将中国的丝绸、瓷器和先进的文化带到国外。"

自然之光语重心长地说："水运是人类经济发展的重要因素，凡是经济发达的城市都离水不远。人类真要好好善待水啊！"

古拉和小吉互相望望，脸上都露出了微笑。

### 郑和下西洋

中国古代最早的海运开始于明朝，最著名的就是"郑和下西洋"。当年，明成祖朱棣命三宝太监郑和率领 200 多艘海船、2.7 万多人，从太仓的刘家港（今江苏太仓市浏河镇）出发，拜访了西太平洋和印度洋的爪哇、苏门答腊、苏禄、彭亨、真腊、古里、暹罗、阿丹、天方、左法尔、忽鲁谟斯、木骨都束等 30 多个国家和地区，最远到达非洲东部，进入红海。

郑和下西洋是中国古代规模最大、船只最多、海员最多、时间最久的海上航行，比欧洲多个国家航海时间早几十年，堪称是"大航海时代"的先驱，为沟通中国和海外文明做出了卓越的贡献。

↑郑和下西洋纪念邮票

↑郑和宝船模型

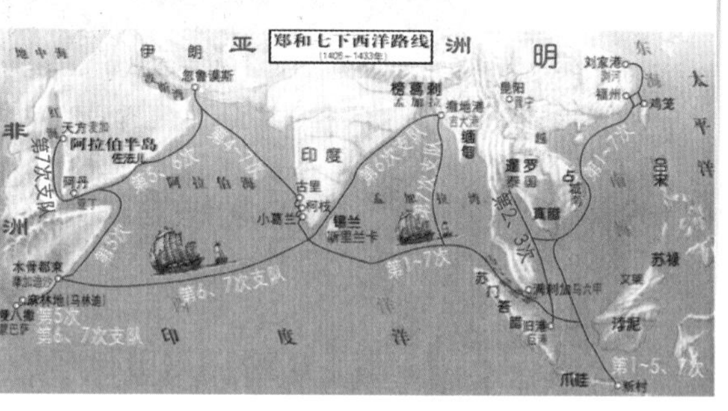

↑航海路线示意图

**活　动**

江苏南京的宝船厂遗址公园内，有一座按照 1:1 比例建造的长 148 米、宽 60 米的宝船，再现了当时郑和下西洋的宏伟气势。请搜集一些郑和下西洋途中故事，整理后编成画册、手抄报等，和大家一起交流分享。

# 15 收获（水产养殖）

古拉和小吉随着江水不停地向东，经过葛洲坝后，古拉觉得长江好像变了一个模样：江面更宽了，两岸连绵的高山也不见了，水流也变缓了许多。

一路上，古拉给小吉讲自己的各种见闻，小吉给古拉介绍两岸的名胜古迹。古拉有了小吉的陪伴，感觉时间过得飞快。

太阳渐渐收敛了光芒，变得柔和而温暖，渐渐隐到江岸下去了。又一个夜幕降临了。

月亮的影子投在水里，水波荡漾，月影细细碎碎地散开，江面上像铺了无数的珍珠。古拉和小吉在这个巨大的摇篮里甜甜地睡着了。江上隐隐约约有巨轮交错鸣笛，像唱给他俩的催眠曲。

这一觉古拉睡得可真香啊，不知不觉，远处已透出丝丝光亮，太阳公公快要起床了。

天色越来越亮，雾气渐渐散了。远远地，古拉看见一群灰黑色的鱼在水里上蹿下跳，水花溅起老高，它们游得飞快。小吉惊叫起来："江豚！江豚！古拉快看！"那群江豚两大一小，小的被夹在中间，很明显是一家三口。

“江豚？它们不是鱼吗？他们在晨练吗？”古拉眼睛一眨不眨地盯着那只小江豚，只见他将头部露出水面，两只眼睛看看他的爸爸，又看看他的妈妈，然后一边快速地游到最前方，一边调皮地将嘴一张一合，从嘴里喷出满满一大摊水来，像是小朋友们玩大水枪一样，然后身体向上一弓，像跳水员那样又钻进了水里，游到爸爸妈妈身边。只安静了不到一分钟，它又跃出了水面，乐此不疲玩起了刚才的游戏。

小吉兴奋地向古拉介绍着：“这就是江豚，我以前在洞庭湖看见过他们，

### 水产捕捞

水产品一直是人类的主要食物之一。人类自古以来就对水生植物和动物进行捕捞，并逐渐发展成捕捞业。

淡水捕捞以江河、湖泊、水库等水域中的自然生长或人工放养的水生动物为主，规模较小。海洋捕捞则分海岸、近海和远洋捕捞，约占全部捕捞产量的90%。

捕捞工具主要是渔船和渔具，渔具包括拖网、围网、刺网、张网、地拉网、敷网、抄网、掩罩、陷阱、钓具、耙刺、笼壶等12大类。有些不法分子还使用极端捕捞法，如电击、药物、炸药等，不但把大小鱼全部杀死，还会污染水体，造成水域生态严重破坏。

↑撒网捕鱼

↑鱼鹰捕鱼

↑远洋捕捞

### 活　动

【连一连】认识一下各种渔具，把它们连起来。

 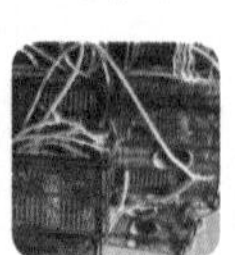  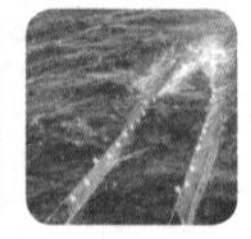 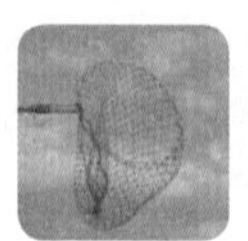   

钓具　抄网　拖网　掩罩　刺网　围网　笼壶　张网

不过上次看到江豚时的情景可让人高兴不起来！”说着脸色黯淡下来。

“怎么啦？上次他们欺负你了？”古拉担心地问。小吉摇摇头，说：“不是。上次我路过洞庭湖，看见有许多人捕猎江豚，一只小江豚被人用渔网捉住，他的妈妈不忍心独自逃命，结果全都被抓了。”

“真可怜！那些人抓江豚干什么？吃吗？”古拉捏紧了小拳头。

“是的。长江里过去有许多江豚，由于人类过度捕捞和长江水质变差，加上挖沙船和来往船只的伤害以及水利工程造成的食物减少，现在只剩下1200多头。”小吉叹了一口气，继续说，“我已经很久没有看见过他们了，看来这里环境还不错。”

**长江濒危水生动物**

由于人类活动的影响和生态恶化，长江有很多已濒临灭绝。列入国家一、二级保护目录的水生动物就有长江江豚、白鳍豚、中华鲟、扬子鳄、圆口铜鱼、白鲟、胭脂鱼、大鲵、川陕哲罗鲑等。

长江江豚俗称江猪，性情活泼，常在水中上游下窜，做出翻滚、跳跃、点头、喷水、突然转向等动作，可以跃出水面0.5米高，喜欢跟在大船后顶浪或起伏，因此也常被船只螺旋桨击伤。2013年被列为世界自然保护联盟红色名录极危物种。

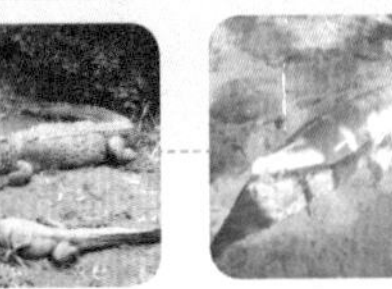
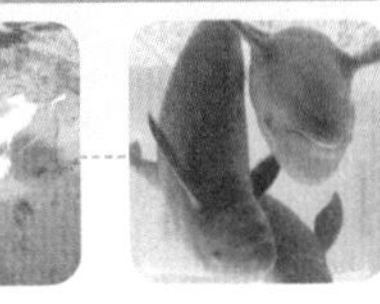

↑中华鲟　↑扬子鳄　↑白鳍豚　↑江豚

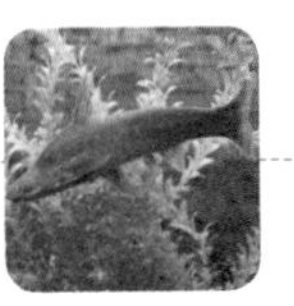

↑白鲟　↑胭脂鱼　↑圆口铜鱼　↑大鲵

**活　动**

被称作长江生态“活化石”的江豚自由自在地生活在长江里，近年来却频频发生致死的事件。这是什么原因造成的呢？选一选。

□水质污染　□水位下降　□自然环境变迁　□非法捕捞

□无法繁殖后代　□侵占河道　□垒坝蓄水　□洪水频发

“是啊。你看刚才这江豚一家三口多开心啊。”古拉回应道。

“古拉，前边就是长江的入海口了，我是淡水鱼，不能随你一起去了。我们就到这分别吧。”小吉指着前面浩瀚的水面，对古拉说。

“海？真的到海了吗？”古拉努力踮起脚尖，揉了揉眼睛，向小吉指的方向望去。

“你自己看！”小吉用手一指前方。古拉这才发现江岸几乎变成了模糊的线条，江面越来越宽。古拉睁大了眼睛，水面雾气袅袅，让他看不真切。

“这就是海吗？什么也看不到啊。”古拉使劲儿眨着眼睛，想透过迷雾，看清大海。一回头，小吉已经远远地甩在身后，不禁大喊：“小吉，谢谢你的陪伴，我会想你的。”

已经看不见小吉了，也听不到他的声音了，古拉只有继续向前。想到自己就要到大海

**网箱养殖**

网箱养殖是一种高产养殖方式，就是将网箱放到海中或江河湖泊中，然后在网箱内养鱼、虾、蟹等水产生物。网箱养殖利用天然水体，既可以利用水体中的饵料，也可以投放饲料，还可以移动，捕捞也容易，因此发展很快。人类对海洋自然鱼类的捕捞严重过度，为满足消费需要，深海网箱养殖已经成为海洋食用鱼类的重要供给方式。

↑淡水网箱养殖

↑深海网箱养殖

**活　动**

查找资料，说说网箱养殖的优点和缺点。

里了，古拉死死地盯住那不断变宽的水面。

古拉感觉到身体好像有些变化，有一股咸咸的东西直往自己身体里钻。“这就是海吗？”古拉的心里暗想着。江岸已经看不见了，眼前是一望无际的水面。

古拉终于来到了令他心驰神往的大海，水越来越咸，水里的动物和植物明显多了起来，很多古拉从来没见过的生物不断地和他打招呼。古拉就像刘姥

## 水产养殖

水产养殖分淡水养殖和海水养殖。

淡水养殖的方式有池塘养殖、湖泊河道养殖、水库养殖、稻田养殖、工厂化养殖、网箱养殖等，可以养殖的水产范围很广，包括鱼类、虾蟹类、贝类、泥鳅等，但以鱼类、罗氏沼虾、海南对虾、河蟹为主。目前，我国淡水养殖面积和产量都居世界前列。

海水养殖是利用浅海、滩涂、港湾、围塘等海域进行饲养和繁殖海产品，包括鱼类、虾蟹类、贝类（包括珍珠）、藻类，以及海参等海珍品，如石斑鱼、大黄鱼、对虾、梭子蟹、扇贝、牡蛎、鲍鱼、黑鲷，种类繁多。目前，我国海水养殖面积和总产量都居世界首位。

↑草鱼 ↑鲢鱼 ↑青鱼 ↑鳙鱼

↑淡水四大家鱼

↑贝类 ↑虾蟹 ↑海鱼 ↑藻类

**活　动**

1. 跟大人一起到菜市场或水产市场，认识一下各种水产品。
2. 在生活中养小金鱼、小泥鳅、小乌龟等，比较它们的生活习性，写一写观察日记。

姥进了大观园，又紧张、又新奇、又忐忑、又兴奋。

大海好大啊。古拉到处瞎逛，到处转悠。这时，古拉发现好多个用密密麻麻的线和铁丝箍起来的巨大箱子，一下子就被吸引住了。

古拉立刻好奇地围着箱子转了一个圈，发现里面有好多鱼。“这些是什么？为什么把鱼圈在里面。”

自然之光介绍说：“喔，这是人类的渔业养殖场。这些鱼养在箱子里，就不怕被水冲走也不怕被大鱼吃掉了。这样的养殖场在江河湖海里都有，养殖的鱼品种也不少。这种养殖方式产量高，效益好，有很多优点，已经被广泛采用。但也有一个缺点，就是投喂的饲料会被水流带走，容易污染水体，造成水体富营养化。”

**海洋牧场**

海洋牧场是将天然海洋环境与人工辅助建设相结合，营造一个适合海洋生物生长与繁殖的环境，通过投放饲料，聚集人工放养海洋生物和海洋自有生物，从而形成的大型人工渔场，就如同赶着成群的牛羊在广阔的草原上放牧那样。

海洋牧场基本解决了海水局部污染和过度捕捞带来的海洋水产资源枯竭、近海养殖病害加剧等问题。建设海洋牧场，既可以提高整个海域的鱼类产量，保证水产资源稳定和持续增长，还能有效保护海洋生态系统。

“水体有营养不好吗？”古拉想不通。

“养鱼养虾的饵料富有营养，会使水里的微生物和藻类疯长，大量消耗水里的氧气，造成水体缺氧，水生动物没法生存。如果鱼都没法生存了，还怎么搞养殖呢？所以说，人工养殖

↑海洋牧场示意图

是双刃剑。”

“那还是吃野生的鱼好了，听说，人类觉得野生鱼的营养和口感比养殖的都要好！”古拉想也不想，随即应道。

“人类对鱼类的消费量这么大，自然生长的鱼哪能满足得了啊！其实，人类已经有很多养殖水产的办法了，也掌握了很多经验，只要做好控制和防范，还是可以避免水体严重污染的。”

这时，一个影子缓缓移动过来，从高处遮蔽住了古拉。古拉抬头看了看，好奇地迎过去：“您好，我是古拉，请问您是谁啊？”“哦，我是海龟。你好啊，古拉。”海龟亲切地和古拉交谈起来。“海龟爷爷，您长得好大啊，年纪很大了吧？”古拉抚摸着海龟的壳好奇地问。海龟抬头想了一会儿，慢悠悠地说：“算算我已经 80 岁了呢。”古拉听了吓了一跳：“哇，您已经这么大年纪啦！那您一定见证了这里的变化吧！”

老海龟骄傲地回答：“那当然，除了产卵，我每年有一半的时间都在这呢。前些年的日子可是真的不好过啊！那时人类一年四季都在这里滥捕滥杀，我们每天都东躲西藏，我的很多兄弟姐妹都被抓走了！”讲到这里老海龟的脸上浮现出了伤感。

调整了情绪，老海龟接着说：“最近几年就好多了。人类每年都设定了休渔期，并且只在固定的时间和地点捕捞。很多地方对我们海龟还划定了

**活　动**

人类最早对海洋经济价值的认识，仅限于兴渔盐之利，引舟楫之便。当代开发海洋牧场已成为人类大力增加食物来源的努力方向。海洋能为人类提供哪些食物营养呢？选一选。

□蛋白质　　□脂肪　　□钙质　　□维生素

□食盐　　□微量元素　　□纯净水　　□太阳能

保护区域，现在的生活好过多了。人类为了保护海洋生态，想了很多办法，比如建造海洋牧场，你想去看看吗？”

古拉好奇地问：“牧场不是在草原上？海里还能有牧场？”老海龟神秘地笑着：“那你就更要去看看啦！”“那当然了！”古拉听了很兴奋，高兴地跟在了老海龟的后面。

不一会儿，他们来到一片海域，好奇怪，这里竟然有好多好多柱子啊！柱子上漂着海藻，有绿色的，也有褐色的，有的飘飘摇摇，有的枝枝杈杈，柱子上还住着好多贝壳，一群群鱼儿在这些柱子中间穿梭不停，嗨！那里竟然还有一艘好大的沉船，看样子，有几百年了吧！船的甲板已经不知去向，船的骨架支棱着，显得很诡异；桅杆折了一大半，直直的戳着，上面长满了水藻和珊瑚；船舱像极了幽暗古堡，里面仿佛躲着幽灵，现在却已经成了鱼儿的家了。鱼儿们一会儿倏得一下全钻进船舱消失不见，忽的，又从船舱的另一头钻了出来。古拉都看傻了。

“就是这里啦！”老海龟大声宣布。

“不是牧场吗？牧人呢？”大家异口同声地问。

“牧人就是大自然呀！所谓海洋牧场，就是人类为海底生物建造的模拟的家，让大家在这里更好地休养生息、繁衍后代！”老海龟微笑着回答。

“看来，自然之光说得对呀，人类已经掌握了养殖水产品的秘密了！就是保护好大自然，恢复被破坏的环境，还水生动植们一个安宁美好的家园，让它们自由自在地生活。”古拉若有所悟。

“朋友们，我来啦！”古拉大喊一声，追在一群小鱼背后朝船舱奔去，一会儿摸摸海带，一会儿亲亲珊瑚，还和一条小黄鱼成了好朋友，捉起了迷藏。他们在石柱间穿梭，在海绵宝宝家里休息，在船舱里参观。古拉完全被这海底世界迷住了。

# 16 欢乐（潮汐）

天色渐渐暗了下来，一群海鸟在海面掠过，留下几声鸟鸣。海面渐渐变得不太平静，翻滚的海浪撞击着礁石。一道闪电劈过，海平面上刮起了一阵阵狂风，在海面上掀起一个又一个巨浪。

“起风暴了，涨潮了，拉紧我的手，跟着我！”小黄鱼话没说完，他们就被滔天巨浪掀得老高，又重重地撞击在水面上，古拉死死地攥着小黄鱼，趁着潮水回撤的力量，赶紧往海洋深处潜了下去。

安静了！没想到波涛汹涌的海面下，完全是另外一个世界，这里是那样安静、祥和。不知过了多久，海面上的隆隆雷声渐渐平息了。

“我先上去看看，你在这里等我。”古拉对小黄鱼说。

小黄鱼点点头：“小心点！”古拉向海面游去。谁知还没把头探出去，就随一个大浪飞了出去。古拉在海面上根本站不住脚跟，双脚打滑，不停地翻着跟头。

风呼呼地吹个不停，古拉也只能在海面上被不断地掀飞，就像脚下踩着一个冲浪板，在海面上下翻动。

好不容易回到深水里找到小黄鱼，古拉累得气喘吁吁。

小黄鱼看他这个样子，不禁哈哈大笑起来："这点潮水就不适应？亏你还是在海里混的。"

古拉连忙解释："我这不是才到海里几天吗，以前在长江里虽然也经历过大风大浪，但还是不能和大海相比啊。"

## 潮　汐

人们发现海水会有规律地涨落，而涨落的时间和高度又有着周期性的变化，由此把这种海水涨落的现象叫潮汐。古书上记载"大海之水，朝生为潮，夕生为汐"，就是说"潮"是指白天海水的上涨，"汐"是指夜间海水的上涨。在涨潮和落潮之间有一段时间水位处于不涨不落的状态，叫作平潮。海水的涨落，使海水形成潮流，有利于海水环境的交换。

↑潮落

↑潮起

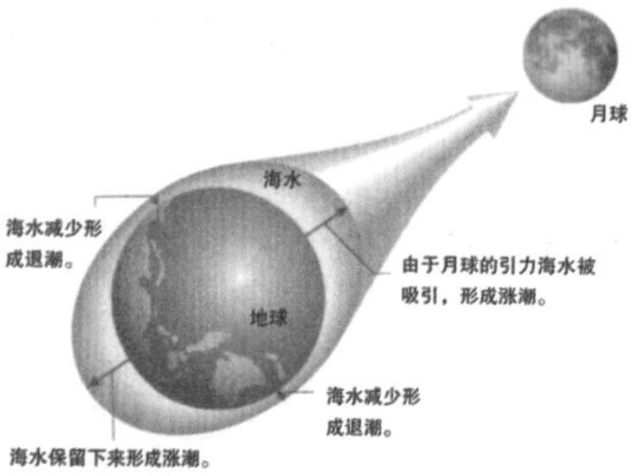

月球
海水
海水减少形成退潮。
由于月球的引力海水被吸引，形成涨潮。
地球
海水减少形成退潮。
海水保留下来形成涨潮。

↑潮汐的形成

小潮
太阳引力
月球引力
太阳
月球
大潮

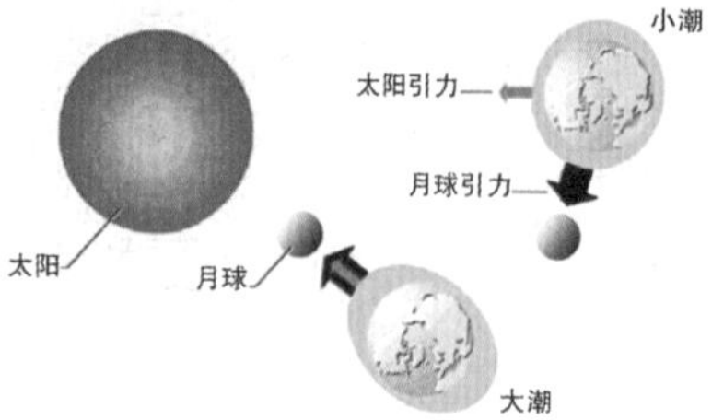

↑潮汐与地球、月亮、太阳的位置关系图

### 早潮才落晚潮来，一月周流六十回

我国古代哲学家王充在《论衡》中写道"涛之起也，随月盛衰"，指出了潮汐跟月亮有关系。原来，地球不停自转，海水随着也在旋转。海水被地球牢牢吸引住了，但就好像旋转张开的雨伞，雨伞上水珠会被甩出去一样，海水也有被甩出去的倾向，像是受到了离心力。同时，海水还受到月球、太阳及其他天体的吸引力影响。这两个力共同形成引潮力。由于地球、月球与太阳的相对位置在发生周期性变化，所以引潮力也是因为周期性变化，这就是潮汐周期性地发生的原因。

“那也算大风大浪？这点潮水也算不了什么，真正的大潮你还没见过呢！”小黄鱼听了很是不屑。

古拉惊讶了：“真正的大潮？在哪里，你能带我去吗？”

“这还不简单。今天是农历八月十五，还有三天时间，差不多来得及。那我就带你去见识见识真正的大浪潮。”小黄鱼语气也变得牛气起来。

“好，太好了。那我们现在就出发吧。”古拉有点迫不及待了。

“走。我们要去的地方是钱塘江口，去赶每年八月十八的大涌潮。”小黄鱼说着，尾巴一摆，飞快地向前游去。古拉紧紧靠着他，一步也不敢落下。

游游停停歇歇，古拉跟着小黄鱼游了几天，终于在这天来到了钱塘江。小黄鱼提醒道：“古拉，潮水正在慢慢上涌，你感觉到了吗？”“没有啊，这不依然很平静吗？”“呵呵，那我们接着往杭州湾的钱塘江口走，你就能感到不一样了。”

渐渐的，两旁出现了江岸，水面逐渐变窄。古拉觉得自己好像慢慢在上升，速度也在慢慢加快。“啊，这就是涨潮吗？我感觉到了。”古拉兴奋地大声说。

很快，古拉在小黄鱼的带领下，站在了潮头。前面的浪潮不断拍击着岸边，激起一阵阵波浪。江中发出一种低沉的轰隆声，江岸上站满了人，伴着一阵阵的波浪，发出一阵阵欢呼和哄闹声。

### 活　动

**算一算**

海边的居民都有一套计算涨潮的简易公式。比如广东东部和福建南部的海滨居民用下列公式：

农历十五日前：涨潮时间＝农历日期 ×0.8，

农历十五日后：涨潮时间＝（农历日期 -15）×0.8。

根据这个公式，你能算出每天的涨潮时间吗？要去游泳的话，请注意赶在涨潮之前回家哦！

“太壮观了。”古拉完全被这壮观的景象惊呆了，全然忘了之前的紧张和恐惧。

随着一波波潮水上涌，又一波波后退，古拉玩了个筋疲力尽，小黄鱼也不知道到哪去了。

终于，退潮了，古拉默默地向大海退去，一路还在想：“这汹涌的潮水劲道还真大，江岸上的人都能被拍倒，江边的石墙都能冲垮。”

这时，古拉不小心一头撞在了飞

## 涌　潮

涌潮是外海的潮水涌入窄而浅的河口后，波浪激荡堆积而成的一种大潮。当涨潮时，潮水进入河口或海湾后，因水面骤然缩小，底部也变陡，因此浪潮急剧加高，逐渐形成直立的水墙向前推进，场面极为迅猛壮观。世界上有涌潮的河流很多，其中南美洲的亚马孙潮、南亚的恒河潮与中国钱塘潮，并称为世界三大强涌潮。

钱塘江潮一般出现在农历初一、十五前后，太阳、月球、地球几乎在一直线上，海水受到的引潮力最大。杭州湾口状似喇叭形，杭州湾外口宽达100公里，到内段最窄处仅宽几公里，江口东段河床又突然上升，潮水涌来时，便形成后浪推前浪，一浪叠一浪的涌潮了。每年农历八月十八，钱塘江涌潮最大，潮头可达数米。海潮来时，声如雷鸣，排山倒海，潮峰耸起一面三四米高的水墙直立于江面，喷珠溅玉，势如万马奔腾。

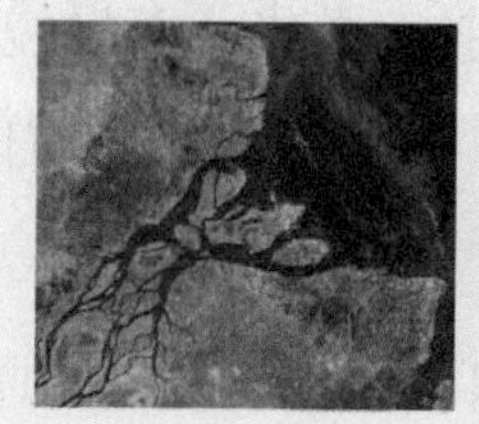

↑亚马孙卫星图

↑恒河卫星图

钱塘江入海口卫星图→

↑钱塘江一线潮

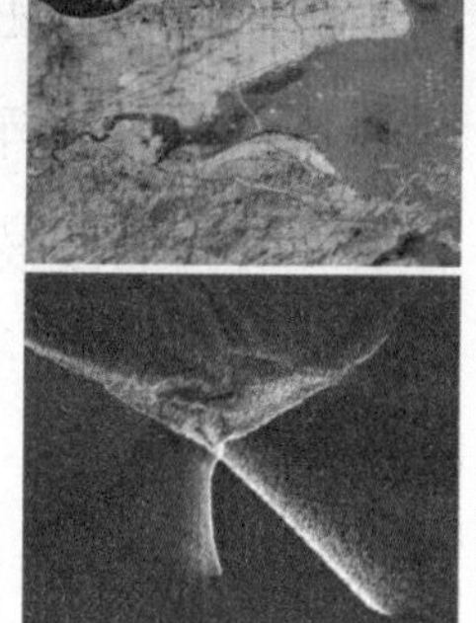

钱塘江十字交叉潮→

快旋转的巨大的金属叶片上，被撞得头晕眼花。

古拉定了定神："这是什么机器啊，怎么和水电站的水轮机差不多？可这里怎么会有水轮机呢？"

古拉正在小声嘀咕着，忽然旁边一只手拉住了他："你是新来的吧。"古拉看不清楚是谁，就小心翼翼地回答："对，我从长江里来，到海里才几天。"

黑暗中，新朋友继续说道："那就不奇怪了。如果你喜欢这里，以后可以像我一样，每天早上来一次，晚上再来一次。"

古拉很不解："这是为什么啊，每天必须要来吗？"

"哦，这里是潮汐发电站。我每天都随涨潮和退潮到这里来玩，还能帮助人类发电。我喜欢这里。"新伙伴骄傲地说。

两个小伙伴说着，已经离开了机器。"这里这种机器多吗？"古拉为自己新本领感到自豪。

"这机器多着呢，在每一个入海口或港湾口都有这样的潮汐发电机呢！"古拉顺着他手指的方向仔细查看，海底果真安装着不少这样的机器，机器上的叶片随着潮水飞快地转动。

"每天早晚都有许多兄弟姐妹通过波浪运动在这个机器里走一趟呢，给世界带来光明和温暖。"

"那每天都重复着同样的工作，岂不是都很无聊啊？"古拉有些担心。

"我们只是早晚涨潮落潮的时候工作！没事的时候，我们就在岸边和孩子们一起玩耍。我们每天都能欣赏到美丽的沙滩、

**活　动**

风暴潮始终是中国东南沿海地区的一大祸害。每当台风来临，又值大潮汛，便会出现强烈的风暴潮，冲击两岸堤防，一旦海塘溃决，后果不堪设想。那么人们如何防范风暴潮的侵袭呢？选一选。

□建塔镇河
□铸镇海雄师
□修建护坡
□清理河道
□拓宽河口
□加固海塘

五彩斑斓的珊瑚和沿岸的旖旎风光……其实也是很开心的呢。”

顺着新伙伴手指的方向，古拉看到金色的海滩上依稀有人在捡着贝壳。“每天都有很多人到那边的海滨浴场上玩耍，你看，经常有一些小孩在沙滩上捡拾贝壳、海藻啊什么的，运气好的话，还能见到海星、螃蟹呢，人类管那叫赶海。”

太阳越升越高，海边的人渐渐多了起来，有的在海边游泳，有的在沙滩上打球，还有孩子在堆城堡……传来一阵阵欢声笑语。古拉看到海面上有人玩着各种新奇的游戏：有人脚下踩着水柱，水柱喷起老高，那人乘着水柱一会旋转，一会儿翻跟头，做着各种动作；有人骑着摩托艇互相追逐，还有人在摩托艇后面，拉起一根绳子，踩在一块小小的板子上，踏着浪头，追逐风浪，惊险极了。

### 潮汐能

流动的水具有能量。海洋潮汐因为水量巨大，就蕴藏着巨大的能量。涨潮时，汹涌而来的海水能扑翻巨轮，掀翻巨石；退潮时，海水奔腾而去，能将水中的停船、物品卷入大海深处。

海水的这种能量就是潮汐能。这种能量是永恒的、无污染的能量。一般涨潮和退潮落差在3米以上就有实际利用价值。辽宁锦州笔架山，涨潮时成为海岛，退潮时有一条路连通大陆，称为“退潮通一路，涨潮走千帆”。可见潮水落差之大。我国沿海已经在加快对潮汐能的开发利用。

笔架山→

←笔架山连通大陆的“天桥”

### 活　动

浩瀚的大海，不仅蕴藏着丰富的矿产资源，更有真正意义上取之不尽，用之不竭的海洋能源。海洋能源具有不同的方式与形态，你知道有哪些吗？选一选。

□潮汐能　　□波浪能　　□海水温差能

□海流能　　□盐度差能　　□太阳能

古拉听着一声声的惊叫，不由得跟着惊呼：“啊！太刺激了！人类喜欢玩这么吓人的游戏啊！”

新伙伴见多识广：“这算什么！人类喜欢冒险，有些人特别喜欢追逐风浪，他们专门在风浪大的日子里，在海上玩冲浪运动呢。”

“看来待在这里还是挺不错的呀！”古拉顿时觉得羡慕起来。

“哎！大海虽然慷慨，却喜怒无常，刚刚还是晴空万里，说不定下一秒就巨浪滔天。”他转过话头，继续讲道，“我听一个从印度洋来的朋友说，那里曾经发生过一次海啸，是由海底火山爆发引起的，波

### 潮汐发电

潮汐能的重要用途是用来发电，世界上最早的潮汐发电站在德国的布斯姆建成。世界三大著名潮汐电站是加拿大安纳波利斯潮汐电站、法国朗斯潮汐电站、基斯拉雅潮汐电站。中国在1958年以来陆续在广东省的顺德和东湾、山东省的乳山、上海市的崇明等地，建立了潮汐能发电站。

潮汐发电与普通水力发电原理类似。在海湾或潮汐河口建筑闸坝，形成水库，并在其旁侧安装水电机组。涨潮时海水由海洋流入水库，落潮时，水库水位比海洋水位高，从而形成库内潮位差。利用潮汐涨落潮差的能量，推动水轮发电机组发电。有的更简单，在潮汐涌动大的海底，装上涡轮发电机，就可以发电。

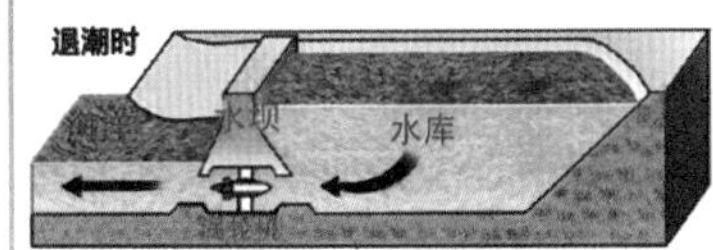

↑潮汐水电站工作原理图

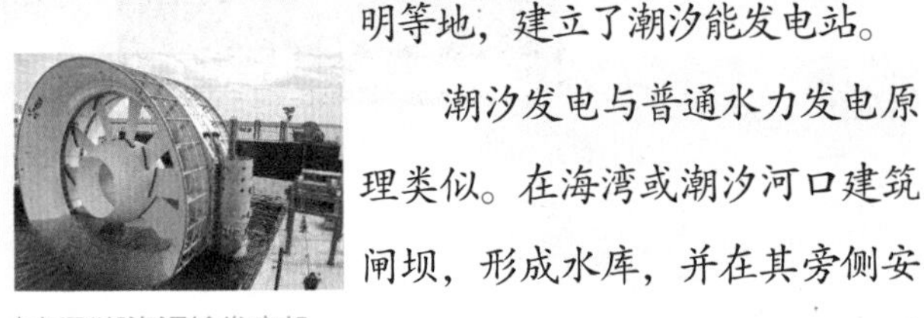
↑新型潮汐涡轮发电机

↑潮汐发电机

**活 动**

除了利用潮汐能发电外，潮汐还有哪些用途？选一选。

□捕鱼 □产盐 □航运 □养殖

□军事 □预警 □观光

及到印度洋沿岸。巨大的海浪冲毁堤岸，冲垮房屋，淹没农田，瞬间就夺走海面和岸边的一切，玩耍的孩子、冲浪的小伙、赶海的渔民……听说死了很多很多人，那个场面啊，惨不忍睹。”

古拉听得目瞪口呆，心里很不好受，眼睛不自觉地就湿润了，心想：大海怎么才能只造福而无危害呢？

“不过，那种情况毕竟很少出现，大多数时间还是充满欢乐的。”新朋友沉默了一会，又扬起脸，高兴起来。

↑海啸袭击海岸

↑海啸袭击后的废墟

## 海　啸

海底发生地震、火山爆发、地势塌陷和滑坡，或者气象产生急剧变化时，可能引起海上出现破坏性的海浪。海啸到达海岸时，由于海底地势抬升，海浪急剧增高，形成高达数十米的水墙，摧毁沿岸的一切，破坏性极大。环太平洋地区是地震海啸的多发地带，日本是全球受海啸最深的国家。

2004年12月26日，印度洋苏门答腊以北海底发生9.3级地震，引发海啸，波及印度洋沿岸十多个国家和地区，造成近30万人死亡或失踪。《海啸奇迹》就是根据这次海啸时发生的真实事件改编的电影。教训深痛，为了预防海啸，人类逐步在地震多发地带建立了完善的地震监测网络和海啸预警系统。

## 活　动

地震引发的海啸登陆之前，会有一些非常明显的宏观前兆现象，在海边生活、工作、旅游的人们只要稍加注意，就可以发现。你知道有哪些先兆吗？写一写。

# 17 忧虑（海洋生态）

新伙伴看到自己惹得古拉落泪觉得不好意思，拉起古拉的手，冲上沙滩。沙滩上的沙很细很软，他们冲上去，很快又随着海浪退回海里，他们又冲上去，退回来。他们欢笑着，时间不知不觉地溜走了，古拉完全忘记了刚才的不快。

人们在海滩上欢乐地嬉戏，古拉的心情也变得轻松起来。一阵疲倦袭来，古拉的眼帘慢慢合上了。在梦中沉睡的古拉，随着起伏的波浪，卷进了洋流，被远远地带离了大陆，向大洋深处漂去。

浩瀚的海洋并不是只有些许波浪，海洋也不是静止不动的。它有它自己的循环，那就是洋流。可是，古拉不知道这一点，一觉醒来，不知不觉已经在千里之外。

忽然，一个急转弯，古拉被一股暗流狠狠吸了进去，经过一个长长的黝黑的礁石洞穴，来到一片温暖的海域。古拉感觉到自己的温度渐渐变高，炽热的阳光照在脸上，眼睛被晃得都睁不开，好半天才适应过来。

古拉发现这里美极了：清澈碧蓝的海水，奇形怪状的礁石，五彩缤纷的珊瑚，飘飘摇摇扭动着曼妙腰肢的水藻，宛如飘在空中的鱼虾，那一群群正撑着透明伞儿的小水母，仿佛夜空中的精灵。

“这是仙境吗？”古拉仿佛仍在梦中一般。

“欢迎来到西沙珊瑚礁，你好，我叫小丑鱼。”一个略带口音的声音在古拉的耳边响了起来。

古拉转过身，看到的是一条色彩斑斓的

### 洋流和大洋环流

海水是不断流动的。除了潮汐运动外，海水还有大规模大范围的流动，称为海流或洋流。洋流的产生，既有地球自转的偏向力作用，也有大气风向的作用，再加上海岸和海底对水流的摩擦阻碍作用，使得海水既有水平流动，又有垂直流动。

洋流可以分为暖流和寒流，也可以分为风海流、密度流和补偿流。洋流能带动海水中的营养物质迁移，可以促进污染物扩散，可以方便船只航行，还会影响海洋上空的气候和天气变化。

↑海洋垃圾

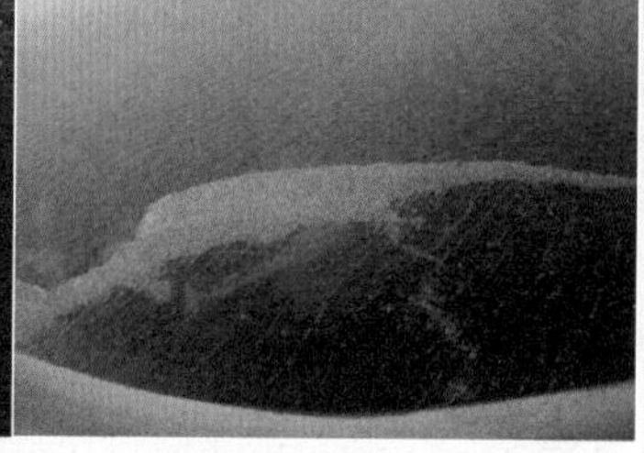

↑随洋流漂在太平洋上的垃圾岛

洋流遍布四大洋，形成了大洋环流，主要有北太平洋环流、南太平洋环流、大西洋环流、印度洋环流、北冰洋环流。

↓主要洋流分布图

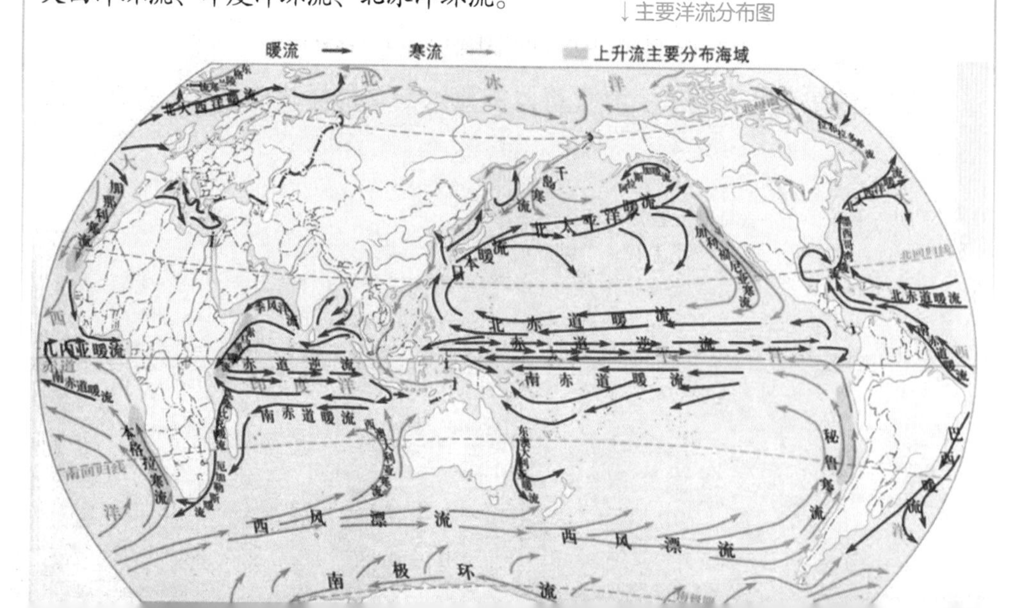

小鱼，身上的鳍长长短短，像插着五色的旗子，在水中摇曳。

古拉努力克制自己的好奇心，积极地回答："噢！你好，我叫古拉！"可眼睛却不由自主睁得溜圆。

"尊敬的客人，欢迎来到我的家乡，请允许我带您参观美丽的珊瑚礁！"

"那真是太感谢了！"这个好消息真是让古拉喜出望外。

古拉一路东瞅西瞧，五彩缤纷的海底

**活　动**

俄罗斯的摩尔曼斯克地处北极圈内，却常年不冻，号称"不冻港"。你知道这是为什么吗？写一写。

**珊瑚礁与大堡礁**

珊瑚礁是海洋生态的重要链条，是海洋生物的饵料仓库和繁殖基地。中国南海的西沙群岛，分布着大量的珊瑚礁，石珊瑚有百余种，颜色各异，斑斓夺目；软珊瑚有数十种，如海绵一般，铺在礁石上。在珊瑚礁群中，栖息着形状各异的海胆、贝类，生活着400多种鱼类，简直就是一个海底花园。

世界上最大最长的珊瑚礁群是大堡礁，位于澳洲东北沿海。这里景色迷人，险峻莫测，珊瑚礁有400余种，这里也生活着1500多种鱼类、4000余种软体动物，是最负盛名的旅游胜地，被列入世界自然遗产名录。

西沙七连屿→

↑色彩斑斓的珊瑚礁

**活　动**

2009年，澳大利亚为了宣传大堡礁，推动旅游业发展，通过互联网发布了大堡礁看护员的招聘启事。这个被称为"世界上最好的工作"吸引了全球范围内众多人去申请。如果你也想去申请，你会怎么写这封自我推荐信呢？

让古拉觉得眼花缭乱，两只眼睛都忙不过来了。一群群鱼儿在他们身边自由地穿梭，有的鱼儿憨态可掬，撅着一个厚厚的嘴唇；有的鱼儿满身的七彩地条纹，像一只只彩色的斑马，还有的灰不溜秋，长得奇形怪状……

“你从哪里来？”带路的小鱼转过头来问。古拉惊魂未定，应声答道：“我？我是从遥远的唐古拉山来。”小丑鱼听了眼睛一亮：“哦！是青藏高原的唐古拉山吗？我听说最清澈的水在西沙，最清澈的天在青藏高原，想来那里一定很美，只可惜我去不了，唉！”

小丑鱼叹了口气，摇了摇鱼鳍，指向了一边的珊瑚礁，又自豪地说：“不过能生活

## 海洋生态

海洋生态包括海洋环境、海洋生物之间的相互关系。海洋环境包括水温、洋流、海底地形、海水中化学物质的组成等。海洋生物包括生活在海里的所有动物、植物、微生物和病毒，已发现的海洋生物种类超过2万种。海洋环境和海洋生物共同构成海洋生态系统。

海水的流动和海洋生物运动，带动各种物质在不同区域流动和交换。如洋流中的上升流，把海底的营养盐分带到浅海，使浮游生物大量繁殖，为磷虾等小动物提供食物，从而吸引更多大型动物前来觅食，形成一个生物聚集的区域。全球重要的渔场就是这样形成的。

←鱼群

↑大白鲨捕食

↑海雕捕食

## 活　动

世界四大著名渔场分别是北海道渔场、北海渔场、秘鲁渔场、纽芬兰渔场。你知道这些渔场形成的原因吗？查找资料，写一写。

在这里也很好。你看咱们这里的珊瑚，种类可多呢。珊瑚很挑剔，只有在最干净的海水才能生长，你看这里遍地都是珊瑚，说明我们这地方海洋生态环境极佳呢！”

这些珊瑚色彩斑斓，形态各异，有的像金色的鹿角，有的像红色的火焰，有的像七彩的祥云，一片片，一丛丛，其间穿梭着五彩斑斓的鱼群，漂亮极了。古拉忍不住伸手摸摸珊瑚，恍然大悟：“我说海底的石头怎么会颜色这么丰富呢，原来不是石头是珊瑚礁啊！”

小丑鱼接着说：“这硬硬的珊瑚礁是珊

### 海洋污染

随着全球人口的迅猛增长、人类活动的不断加剧，每年倾入海洋的各种污染物达 200 亿吨，这直接导致海水酸化、富营养化、水温上升，赤潮频发，生物迅速减少或消失。第七届珊瑚礁会议对全球珊瑚做出评估，认为如果不及时采取行动，极有可能在未来 10 ~ 20 年内三分之一的珊瑚礁将陆续消失。

石油泄漏是破坏力最强的污染之一。石油泄漏后，会在海面形成一层油膜，隔绝空气导致海水缺氧，减弱阳光影响海藻、植物的生长，进而导致鱼、贝、藻类等生物死亡，还会直接使海鸟、海豹等动物溺亡。

↑ 被浒苔侵占的沙滩

↑ 被油污染的海滩

↑ 被泄漏的原油杀死的海鸟

### 活　动

人类的哪些行为导致了海水酸化、水温上升、污染加重？除此之外，人类还有哪些行为对海洋生态产生了破坏？写一写。

瑚虫建造的外壳。珊瑚虫喜欢群居，无数珊瑚的外壳堆积起来，久而久之就成了珊瑚礁了。你别看珊瑚虫小哦，却在大海中起到了重要作用。他们和藻类共生，为我们这些鱼类、贝类等动物提供了食物和居住场所呢。珊瑚礁是海洋生物生命的摇篮。”古拉似懂非懂地点了点头。

小丑鱼接着说：“不过，情况也变得越来越不好了。有些地方的石珊瑚已经成片死亡了，再这样下去，恐怕整个海洋生态都要受到影响，到时候我们就没有家园了。”说到这，小丑鱼变得很伤心。

### 海洋的自净能力

海洋水体面积和体积都十分巨大，又在不停运动。当污染物进入海洋后，有的漂浮于水面，有的悬浮在海水中，有的溶于海水之内，还有的沉降于海底沉积物中。和江河一样，海洋也能通过物理、化学和生物这三种过程的作用，将污染物质吸收、沉降、稀释或转化，使环境恢复到原来的状况，这就是海洋的自净能力。海洋的自净能力非常强大，但也是有限的。

红树是生长在热带、亚热带海滨浅滩的一种树。红树林能为海洋生物提供生长栖息场所，还能防风消浪、固岸护堤、净化海水和空气，被称为“海岸卫士”。

海藻有褐藻、红藻、绿藻、硅藻四大类，是海水和空气中氧气的重要来源，它们为动物提供食物，还和微生物一起构成海水自净的主力军。

↑红树林

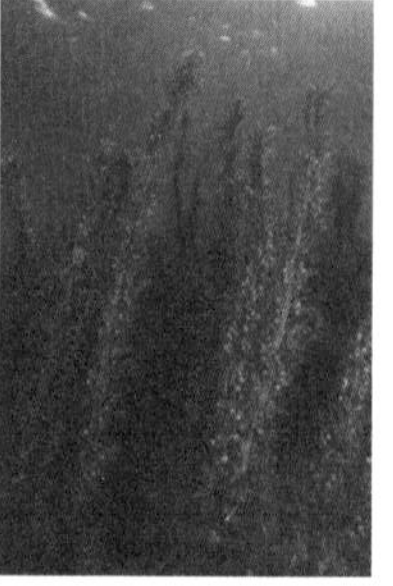

↑各种各样的海藻

古拉看着小丑鱼难过的样子，轻声安慰道："听说这是人类活动对海洋造成污染，引起海洋生态恶化。我想，人类应该能认识到这些，会想出办法保护海洋生态的。"

"但愿如此吧。"小丑鱼叹了口气，"我们海洋生物都是受害者，也没有办法。我带你去看看死去的珊瑚吧。"

游过一片暗礁，又拐过几道弯，一大片暗沉沉的珊瑚出现在古拉面前。珊瑚礁上盖着一层薄薄的泥尘，四周静悄悄的，没有鱼虾贝壳，一些不知名的海藻像树桩一样，稀稀拉拉地杵在海底。

古拉跟在小丑鱼后面，看到了丰富多彩的海洋生物，五颜六色的珊瑚礁，也看见了触目惊心的成片死亡了的珊瑚，想起从唐古拉山一路下来，见到的污染、捕杀、垮塌等生态被破坏的景象，不禁也忧心起来："是啊，人类虽然意识到了生态被破坏的严重性，可是他们能想出好办法吗？"

**学做海藻保健餐**

海藻不但能净化水质，还具有较高的食用和药用价值，具有净化人体中的垃圾、毒素的作用。海藻类食物，如海带、紫菜和昆布等，对放射性物质有吸附作用，其中的胶质能促使体内的放射性物质随同大便排出体外，从而减少放射性物质在人体内的积聚，降低放射性疾病的发生率。

海藻作为食材，可以凉拌、烧肉、做汤。试着查找资料，了解我们比较熟悉的海藻有关的信息，学着做一道海藻保健餐，清除体内的毒素吧。

↑绿豆海带煲排骨

↑凉拌海藻

↑紫菜蛋花汤

古拉碰到一只老海龟，把自己的忧虑告诉了老海龟，希望这位海洋的年长的智者能解答自己的困惑。

老海龟听了笑道："孩子，别太过于担心。人类已经在努力减少对自然环境地破坏了，还在努力修复受损的生态。海洋这么大，拥有的物种那么多，数量那么大，只要人类控制污染物的排放量，大海是有能力消化这些污染物的。海洋的每一种生物，都在为净化自己的家园做着不懈努力，比如各种微生物、藻类、红树林等等。"

古拉听到老海龟的解释，心里略微松了一口气。可是老海龟的解释是真的吗？大海真的这么神奇吗？

这时，一群身穿潜水服的人游了过来，古拉警觉地问："这些人类又到这里来干嘛！他们把大海害得还不够吗？"

"别激动，孩子，你看！"跟着老海龟，古拉游到了这群人身边，他们正在打捞海底的垃圾呢。

"这些人叫志愿者，世界上每天都有许多这样的志愿者加入到保护地球行动中来。他们除了身体力行，减少污染，还向身边的人宣传保护环境的意义。在他们的努力下，这个世界一定会越来越好的。"

想到在不远的将来，这里又将成为珊瑚虫和鱼儿们的乐园，古拉由衷地感叹：大自然真是无比的神奇！

古拉对小小的珊瑚虫们对海洋做出的杰出贡献感到赞叹，也对美好的明天充满期待。虽然自己不能对这片遭到破坏的大海做出什么，却还是很欣慰。

古拉恋恋不舍地告别小丑鱼和海龟，随着飘忽不定的洋流继续前行。

# 18 重生（海水淡化与水循环）

古拉躺在海面上，望着天。天空湛蓝湛蓝的，几朵云无精打采地飘着，没有一丝风，太阳明晃晃地照着。古拉觉得浑身燥热，身体越来越重，连忙呼喊："自然之光，你在吗？"

"亲爱的孩子，我在这里。"自然之光应声而来。

"我的身体怎么变得沉重了？这种感觉好像刚入海的时候也有过，但没有这么明显。"古拉问道。

"孩子，南海的太阳很烈，现在又是中午，海水中的盐度变得更高了，所以当然觉得身体重了。刚入海的时候，淡水和海水逐渐混合，盐分浓度慢慢变化，所以你的感觉没有这么明显。而且，东海的盐度比南海低。"

"原来是这样，可是我不喜欢这样的自己，我老是能闻到一股又咸又腥的味道，我还能变回原来的那个自己吗？"古拉一点都不喜欢现在自己身上的变化。

"当然能啦，只要你被蒸发到空中，再回到陆地就是原来的你啦。不会再有又咸又腥的味道啦！‘可是百川东到海，何时复西归’，难啊！哈哈哈哈！”

古拉慵懒地随着缓缓地海浪高低起伏，百无聊赖。他看见海鸟增多了，不禁心花怒放：“啊，我又要回到海岸了。”他感觉又有了精神，好像有一股力量吸引着他，心里幻想着：在软软的沙滩上，灿烂的阳光照在身上，暖洋洋的，自己飘飘悠悠，回到了云妈妈的怀里。

### 海水的盐度

人们用盐度来表示海水含盐量的多少。海水又咸又苦，是因为海水中溶解了很多种无机盐，主要是氯化钠，也就是盐。自古以来人们就用蒸发海水的方法来得到食盐。

海水盐度受海水蒸发、降雨、洋流等因素影响，近岸处则主要受江河淡水入海的影响，因此，不同海域的盐度是不一样的。我国长江口海域，冬季枯水期的海水盐度约为12‰；而夏季洪水季节，同一地点的海水盐度仅有2.5‰。

海水是陆地上淡水的来源和气候的调节器，世界海洋每年蒸发的淡水有450万立方千米，其中90%通过降雨返回海洋，10%变为雨雪落在大地上，然后顺河流又返回海洋。

↓大洋深处盐度偏高

↑河流注入的海区盐度偏低

## 活　动

海水的平均盐度是指每千克大洋水中的含盐量。你知道大洋水的平均盐度是多少吗？世界上最淡的海在哪里？最咸的海又在哪里？写一写。

他悠然地在水里转了个身，仿佛自己已身在半空，可是迎接他的不是细软的沙滩，而是一个巨大的黑黑的洞口，仿佛一只怪兽张开巨大的嘴巴，猛烈地吸着海水，还发出滋滋的响声。

这情景让古拉不由想起在长江的经

## 海水淡化

海水淡化就是将海水中的盐分和水分分离，获取淡水的过程。海水淡化的方法有几十种，最主要的有蒸馏法、电渗法、冷冻法、太阳能法、反渗透法、喷雾蒸发法等。

全球淡水资源日益紧缺，海水淡化提供了很好的补充。全球淡化的海水已经解决了1亿多人的饮水问题，并且愈来愈受沿海国家重视。中东地区由于沙漠化严重，海水淡化尤其流行。

海水淡化获得淡水的同时，还可以得到食盐以及镁、溴等很多化工原料，已经形成了新兴产业。

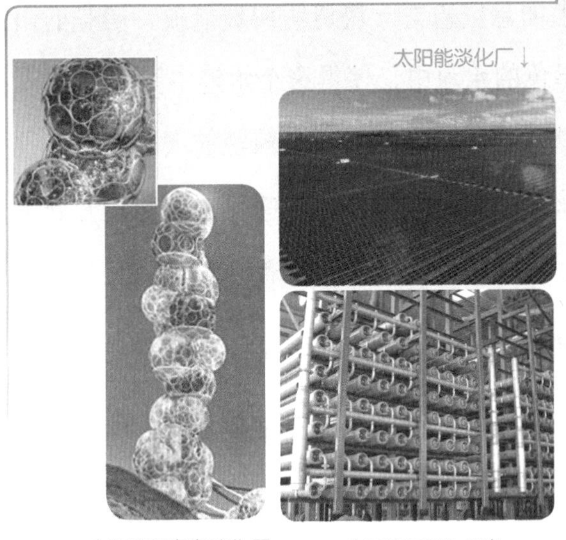

太阳能淡化厂↓

↑西班牙泡泡淡化厂

↑反渗透淡化设备

### 简易淡化装置

如图，这是将海水加热汽化，再将水汽冷凝得到淡水的方法。把海水放到容器里面，放在日光下照射，利用太阳的温度把水蒸发完，食盐就析出来，淡水就留在中间的杯中。

↑简易淡化装置

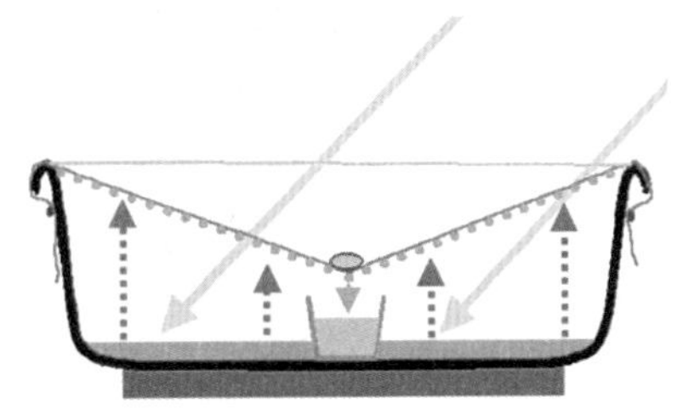

↑装置示意图

历："难道这里有水力发电站？有自来水厂？不对呀！"古拉来不及思考，一股强大的吸力已经把他和身边的海水吸入洞口，进到一根粗大的黑黢黢的管子中。

有了以前的经历，古拉这次倒是不害怕，一边安慰旁边惊恐的水滴们，一边在脑子里不停地猜想接下来会到哪里。

很快，经过许多弯弯曲曲、越来越细的管道，古拉来到了有着黑色四壁和底部的小小的水池，水池上面悬空盖着一块透明的玻璃板，明亮的阳光正透过玻璃板投过来，照在黑色的水池中，使得这个水池中又闷又热。

古拉和伙伴们待在水池里就这么傻傻地晒着。火辣辣的太阳悬在头顶上，水池中的温度越来越高，水面变得有些飘缈，好些兄弟姐妹，升到了空中，又凝附在玻璃板上，然后流到玻璃板边缘的管槽中。

## 海洋动植物的淡化技术

红树长期泡在海水里照样生长，因为它的叶子可以反射阳光减少水分蒸发，树叶里有排盐腺，还有一种叫单宁酸的物质可以帮助它排出过多的盐分。

信天翁、海鸥等可以喝海水，奥秘在它鼻管附近有去盐腺，能把喝进去的海水中的盐分隔离，再通过鼻管排出来。所以它们是喝了再吐，吐了再喝。

海鱼的肉并不咸，是因为海鱼都有很强的排盐能力。它们除了可以从肾脏排出盐分外，鳃片上还有一种细胞组织，能通过过滤作用排出体内盐分。

海洋动植物实际都是利用细胞的半渗透膜来使海水脱去盐分。根据这个道理，人们研制出了反渗透膜海水淡化装置。

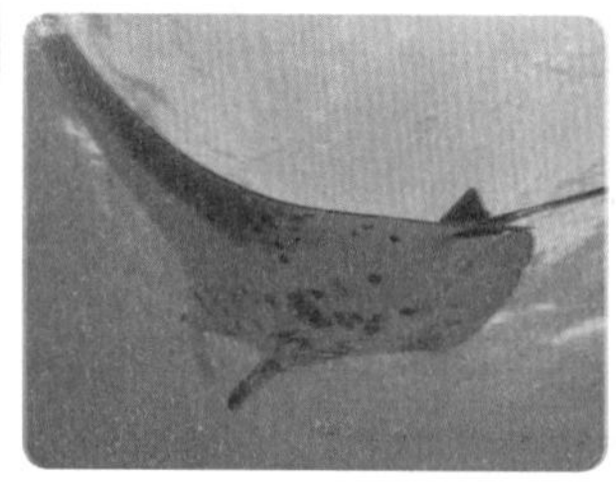

↑蝠鲼（魔鬼鱼）的鳃

↑鲨鱼的鳃

↑信天翁

古拉感觉这里和自己去过的每一个地方都不一样，待在这个闷热的水池中，好像又回到了煮茶老人的茶壶里。

水池中的水越来越少，古拉感觉自己的身体越来越重，昏昏欲睡，几乎无法睁开自己的眼睛。

这时，响起一阵机器的轰鸣，古拉和剩下的伙伴们猛地被另一端的水管给抽了出去，很快到达一个金属容器，面对着一张细密的膜。古拉感觉一股压力传来，空间在缩小，自己也在变小，越来越小，直到身体被挤扁，紧紧贴在那张膜上。

这可是从来没遇到过的情况，古拉的心里害怕极了："这是什么鬼地方，我都被挤扁啦！"

就在一瞬间，古拉觉得自己像是孙悟空有了分身术，变成无数个小小的古拉，倏地一下就透过膜，到了膜的另一边，又像奇迹般地合在了一起。古拉惊讶地看着自己的身体，感觉身上变得十分轻松，好像自己也没有少些什么，只是自己身体里的杂质都不见了，自己又变成一滴纯粹的水了。

"自然之光！"他大喊，急着想要解开心中的谜团。

"呵呵，惊讶了吧。你刚才通过的膜叫反渗透膜，它把你身体内的所有杂质都清除掉了，你不再是海水了，而是一滴纯净水了。"

"对了，人不能喝海水，树木也不能浇海水，可是海里的动植物怎么能生存呢？"

"海洋的动植物都有自己的淡化器官，通过这些器官，它们可以为自己提供淡水。"

**活　动**

海龟上岸产卵时，眼里总会淌着"眼泪"，人们认为这是海龟产卵时很痛苦，并且产完卵就要离开，因此伤心难过。你认为是什么原因呢？

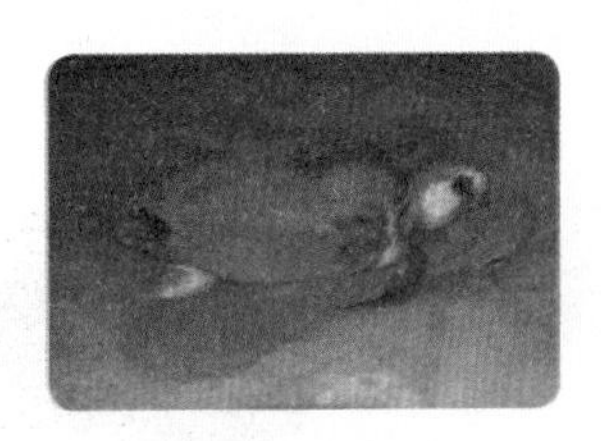

↑"流泪"的海龟

这时，古拉发现自己和伙伴们流进了一条水渠里，明媚的阳光无遮无挡地照在他的身上，古拉的心里觉得莫名的轻松，一路唱着歌向前奔去。

伙伴们手挽着手，不一会儿，就流到了一块菜田里。

古拉纵声一跃，跳上一片菜叶。嗨！一条小青虫正躲在菜叶下，匆匆忙忙地啃着。下面的泥土上有小蚯蚓、小蚂蚁、小田鼠，真挺热闹啊！

“大家好！我叫古拉！”古拉兴冲冲地跟大伙打招呼。

可惜，不知是他的声音太小，还是大家太忙，竟然没有一个人回应他。古拉第一次感受到了不被重视的感觉，心里有些失落。

古拉突然发现有很多水蒸气从叶子里钻出来，赶忙问自然之光：“水蒸气怎么会从叶子里面出来？”

自然之光笑道：“蔬菜的根会吸收水分，通过杆茎来到叶子里，然后通过蒸腾作用把水分排出来。”

太阳越升越高，古拉觉得自己越来越热，身体越来越轻，不知不觉飘起来了。

### 蒸腾作用

蒸腾作用是水分从活的植物体表面变成水蒸气散发到大气中的过程，是一种复杂的生理过程，包括皮孔蒸腾、角质层蒸腾和气孔蒸腾。

气孔蒸腾是植物蒸腾的主要方式。土壤中的水分沿着植物根毛、根内导管、茎内导管、叶内导管、叶片气孔，最后散发到大气中。蒸腾作用为植物吸收水分、运输养料提供了主要动力，同时能降低叶片表面温度，防止植物被阳光晒伤。

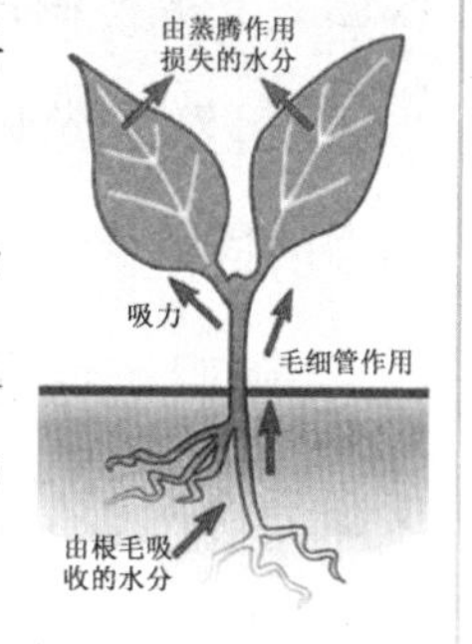

↑蒸腾作用水分传输路径

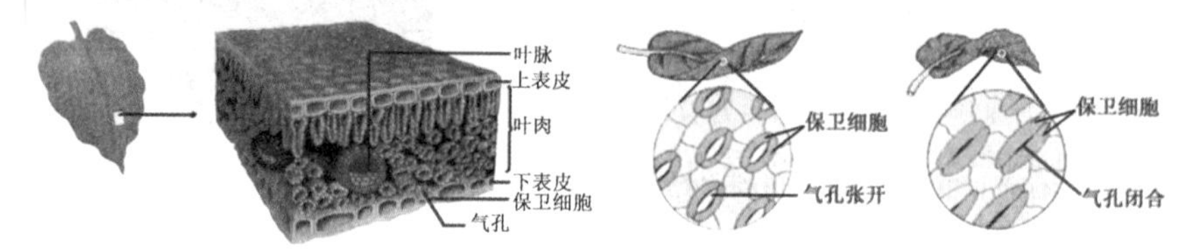

↑叶片的微观结构图

古拉知道自己这是被蒸发了，这种感觉令他感到很兴奋。他沉浸在喜悦中，感受着身体变化，他发现自己变得透明了，轻飘飘的，不再是小水滴了。一阵微风传来，古拉慢慢飞了起来，飞到了空中，越飞越高。

古拉随着风飘荡着：“我这是要回到云妈妈的怀抱里吗？”

“是的，孩子，你的旅程结束了。”自然之光那温和的声音再次响起。

“真的吗？那你呢？”古拉急切地问。

“我不能再陪伴你了，再见了古拉。”自然之光对古拉挥了挥手。

“谢谢你，一路有了你的陪伴，我玩得很开心。你让我认识了这个美好的世界，让我知道了自己的力量。再见了，我的朋友。”古拉一边挥手一边大喊。

在风儿的带领下，古拉朝着天空飞去。他看见了美丽的西沙群岛，看见了海上星罗棋布的养殖网箱，看见了闪着乌黑光芒的太阳能海水淡化厂，看见了漏斗状的钱塘江湾，看到了三角形的长江入海口，看见了密密麻麻的城市和村庄，看见了蜿蜒曲折的长江和江上横亘着的一座座大桥，看见了雄伟的三峡大坝和宽阔的水库，看见了雪域高原上茫茫的草原、成群的牛羊和巍峨的雪山……

古拉随着上升气流越升越高，离云妈妈越来越近了。

**植物的蒸腾作用比较**

**实验准备**：绿叶植物一盆、仙人掌一盆、塑料袋两个

**实验步骤**：

1. 将两盆植物分别罩上塑料袋（如图所示），放在室内，第二天观察塑料袋上是否有水珠产生。

2. 将两盆植物罩好塑料袋，放在阳光下。一昼夜后观察塑料袋内是否有水珠产生。

**思考**：水分的蒸发和哪些因素有关呢？人体怎样减少水分的蒸发呢？

↑塑料袋的包扎方式

“再见了，长江！再见了，大地！再见了，大海！再见了，我遇到过的所有朋友和伙伴们！”古拉冲着下面大声呼喊，心里也在默默祈祷：希望生态环境不要再恶化，希望朋友们都过着幸福的日子，希望大自然变得越来越美好。

他看见云妈妈张开了双臂，激动地呼喊着：“妈妈！我回来了！”

云妈妈一把将古拉搂进怀中，温柔地说：“欢迎回家，我的孩子”。

### 水的循环

自然界中，地球上不同形状的水可以互相转换。在太阳能和地球表面热能的作用下，地球上的水不断被蒸发成为水蒸气，进入大气。水蒸气遇冷又凝聚成水，在重力的作用下，以降水的形式落到地面。降水一部分又被蒸发返回大气，其余部分成为地面径流或地下径流等，最终回归海洋。这个周而复始的过程，称为水循环。

水循环维持了全球水的动态平衡，使水资源不断更新。它是雕塑家，塑造了丰富多彩的地表形态；它是传输带，将能量和物质输送到地球的每个角落；它是设计师，创造了地球表面各种纷繁复杂的天气现象。

“黄河之水天上来，奔流到海不复还。”从水循环的角度看，这两句诗的说法正确吗？说一说。

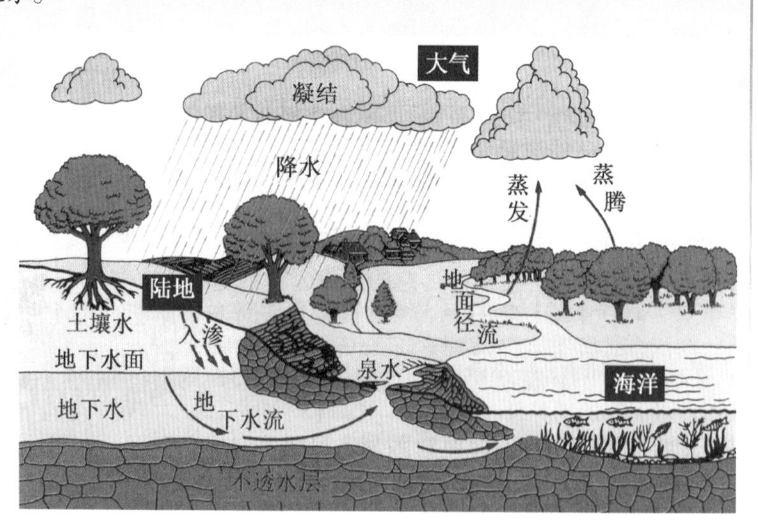


水循环示意图→

# 后 记

在新一轮课程改革中，南湖第三小学以“综合实践活动”课程研究为契机，孵化学校特色，催生学校发展。如今，综合实践活动已不仅是学校的特色课程，更是一种教育思想和教育方法。

2009年我们有幸参加了“小学概念主题式综合实践活动课程”课题研究，从而有幸参与了本次“科学主题探究”丛书的编写。我们将故事的主人公设计为小水滴“古拉”，以古拉落到唐古拉山上，并顺江而下的历险行程为线索，围绕水的各种变化，在叙述故事的同时，穿插介绍了许多与水相关的知识点，并设计了许多符合学生年龄特点的探究活动，使孩子们在阅读趣味盎然的故事的同时，学习知识，学会质疑，学习技能，锻炼科学探究能力。同时，通过故事的讲述，渗透了爱与环保观念，促使孩子们反思自己的行为，形成自己的观点，进一步起到培养正确情感态度与价值观的作用。可谓是春风化雨，育人无痕。

这样的编写思路对我们来说充满吸引力，也充满了挑战。我们组织了一批经验丰富的综合实践活动任课教师担任本书的编撰工作，召开了多次编写会进行讨论，谷力博士多次亲临本校，在故事框架的建构上给予了宝贵的指导意见。中国和平出版社的编辑老师也多次亲临学校手把手地指导老师们进行修改。在此一并表示感谢！

一年多来，参编老师都十分投入，努力将故事描写得曲折生动，将知识讲解得深入浅出，将探究活动设计得切实有效，初稿后又进行了五轮的修改，《水滴古拉历险记》终于完稿。通过编撰该书，我们对该主题内涵的领悟得到前所未有的提高，并不知不觉地反思自己对水资源的态度和行为，在日常教学和生活中为自己的学生做出示范。

编写的过程非常辛苦，但收获更是满满的，编辑老师精益求精的精神，让我们感动，让我们钦佩，更值得我们学习。希望我们的劳动能让孩子们有所收获，并促进他们爱水、节水的意识，为世界的美好尽绵薄之力。

南京市南湖第三小学
刘海莉
2015年8月

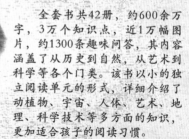

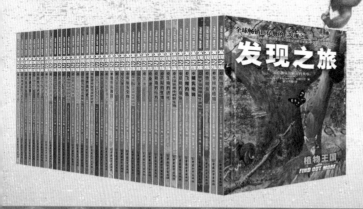